AERIAL PHOTOGRAPHY AND
VIDEOGRAPHY USING DRONES

无人机航拍
摄影与摄像实战教程

崔缘◎著

U0300508

人民邮电出版社

北京

图书在版编目（CIP）数据

无人机航拍摄影与摄像实战教程 / 崔缘著. -- 北京：
人民邮电出版社，2022.10（2023.12重印）
ISBN 978-7-115-59559-1

Ⅰ．①无… Ⅱ．①崔… Ⅲ．①无人驾驶飞机－航空摄
影－教材 Ⅳ．①TB869

中国版本图书馆CIP数据核字(2022)第116263号

内 容 提 要

本书按照器材准备、飞行操作、航拍技法、后期制作的思路进行编写，旨在帮助读者从无人机小白快速成长为无人机航拍高手。

器材准备部分，详细介绍了无人机选购、开箱验货，掌握 App 相关操作、无人机起飞前与起飞时的注意事项。内容循序渐进，由浅至深，帮助读者深入了解无人机及航拍的基础知识。

飞行操作部分，详细介绍了无人机从起飞到降落的完整流程，以及无人机智能飞行模式、8 种无人机飞行动作拆解。此部分能够帮助读者快速成为操作无人机飞行的高手。

航拍技法部分，分为照片与视频两个小部分。从构图方法、实例讲解、多种运镜与拍摄手法逐步深入，助力读者成为航拍高手。

后期制作部分，详细介绍了手机与电脑处理照片与视频的完整流程，帮助读者学会高效率后期处理，能够快速出片。

本书通俗易懂，并配以图片加强理解，即便是没接触过无人机的读者也能通过学习本书快速提高航拍水平。本书适合航拍爱好者以及航拍新手阅读。

◆ 著　　　　　崔　缘

责任编辑　杨　婧

责任印制　陈　犇

◆ 人民邮电出版社出版发行　　北京市丰台区成寿寺路 11 号

邮编　100164　　电子邮件　315@ptpress.com.cn

网址　https://www.ptpress.com.cn

涿州市般润文化传播有限公司印刷

◆ 开本：690×970　1/16

印张：13.25　　　　　　　　2022 年 10 月第 1 版

字数：341 千字　　　　　　　2023 年 12 月河北第 3 次印刷

定价：98.80 元

读者服务热线：(010)81055296　印装质量热线：(010)81055316
反盗版热线：(010)81055315
广告经营许可证：京东市监广登字 20170147 号

前言

PREFACE

　　星空、山水、城市……世间无数风光的魅力总是在吸引着无数的人们，去记录它们的美丽和独特，更让许多"拍客"在行进路途中开启了自己的摄影生涯。

　　我是一名风光摄影师，酷爱航拍视角。在接触摄影之前我热爱旅行，喜欢广袤的大自然，在我心中风光摄影的种子早已悄然种下。在接触摄影前一年我去了新西兰旅行，在到达著名景点库克山看到雄伟的雪山后，却因为地面高度过低的原因无法记录下完整的雪山层次，成为了我当时最大的遗憾，在那之后我便决定开启我的航拍之路。

　　在尝试使用无人机进行航拍的时候，我就好像哥伦布发现新大陆一样兴奋，在"上帝视角"的加持下，一切在地面上看到的景物仿佛被二维化，呈现一种特殊的美感。无人机航拍拓展了原有的风光摄影，可以说航拍器开启了摄影新纪元。在此之后我便陷入航拍领域难以自拔，每到一个位置我都要飞一飞无人机，不仅能够创造新视角，更为重要的一点，是利用高视角优势可以很轻易地发现一些新奇的地面机位，大大提高了拍摄效率。

　　人们渴望飞行，于是发明了飞机；人们渴望航拍，于是发明了无人机。那些原本刻在心头的梦得以实现，那些在空中俯瞰大地的畅快感受变得触手可及，变得活灵活现，变成一幅幅壮美的摄影大作，成为了直击心灵的震撼。

　　在过去的时间里，航拍的成本无疑是高昂的，人们需要乘坐专门的直升飞机或者在航班上俯拍，还要受限于航线的固定视角。随着科技的不断进步，民用无人机的拍摄精度已经达到了影视级别，甚至可以媲美专业级的电影无人机。大疆最新发布的"御"Mavic 3无人机搭配了4/3英寸的CMOS的哈苏相机，这对于无人机来说是质的飞跃，其轻便的体积更是符合民用航拍器的需求。经过了无数次技术的迭代升级后，无人机已经真正成为民用航拍的代名词，是摄影创作、旅行摄影记录等拍摄中不可或缺的工具。

　　在成为一名风光摄影师后，我在各种平台上翻阅摄影相关知识，不断浏览高品质摄影作品以提高自身审美水平，在计算机图像处理软件中摸索处理技术与手法，不断从图片发布后的反馈中收获进步，在实践与学习中努力提高自己的摄影水平，这便是我摄影水平提高所走过的路程。

　　现在，感谢人民邮电出版社的支持与帮助，我们共同将无人机航拍全教程编写成书，从购买无人机到开箱验货，从掌握App操作到无人机起降注意事项，从智能飞行模式到飞行动作训练，从基本构图手法到实际案例分析，从航拍影像创作到后期处理一应俱全。本书用实战指导来帮助读者完成摄影技术的飞跃式进步，用逻辑准确的章节分布由浅至深的讲解，让读者少走弯路。通过掌握这些知识点，我相信用不了多久，读者就能轻松玩转无人机航拍，打造属于自己的航拍世界。

目录
CONTENTS

第1章
无人机的性能与选择

第2章
熟悉无人机系统与配件

第3章
无人机安全指南

第4章
无人机相关App使用技巧

第5章
做好起飞与拍摄检查

第6章
无人机飞行练习与实战

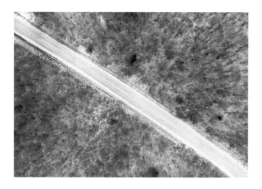

第7章
无人机摄影构图与实战

第8章
航拍视频构图与实战

第9章
无人机延时视频实战

第10章
无人机摄影后期实战

第11章
无人机视频剪辑实战

第1章

无人机的性能与选择

本章将介绍各种不同系列无人机的分类标准、定位与特点，帮助用户来挑选更适合自己的无人机，以及在购买无人机时要注意的事项，并提醒用户购买无人机后应该注意的法律法规。

01 了解无人机的 种类与定位

要了解无人机的种类与定位，我们需要先知道什么是无人机。所谓无人机就是无人驾驶飞机，是利用无线电遥控设备和自备的程序控制装置操纵的不载人飞机，或者由车载计算机完全或间歇地自主地操作。

现在很多摄影师以及摄影爱好者都会用无人机进行创作，在高空俯瞰繁华的城市、秀美山川，解锁发现新的视角，可以更加全面地通过不同视角来展现作品。随着科技不断进步，越来越多的技术瓶颈得已突破，无人机的体积及续航都有了很大的提升，而目前市面上最主流的无人机品牌就是"大疆"。笔者目前使用的是"御"Mavic 3无人机，这也是大疆目前最新的一款无人机，如图1.1所示。

图1.1 "御" Mavic 3 无人机

无人机按照应用领域来划分的话可以分为军用和民用两种，民用无人机如图1.2所示。按飞行平台构型分类，无人机可分为固定翼无人机、旋翼无人机、无人飞艇、伞翼无人机、扑翼无人机等。

图1.2 农业无人机

　　大疆有5个系列的无人机深受用户喜爱，款款身怀绝技，即使是不善航拍的新手，也能迅速上手，用它们的独特视角探索世界。不论是一键将眼前美景拍成大片，还是享受畅爽的沉浸式飞行，这里总有一款无人机能帮你轻松实现。这5个系列分别是大疆"精灵"（Phantom）系列、大疆"御"（Mavic）系列、大疆"悟"（Inspire）系列、大疆Air系列和大疆Mini系列。大疆"御"（Mavic）系列是许多航拍爱好者梦寐以求的无人机。它紧凑便携的机身蕴藏强悍性能，配备行业领先的哈苏相机，可拍摄细节充沛、色彩明艳的画面。大疆"精灵"（Phantom）系列是专业级 4K 航拍无人机，同时飞行性能十分强劲，配备先进五向障碍物感知技术，为飞行保驾护航。大疆"悟"（Inspire）系列集多种先进技术于一身，最高配置的X7云台可以搭载APSC画幅传感器，拍摄画质极佳，能充分满足行业和专业影视用户对于拍摄的高要求，更加适合于影视航拍使用。大疆Air系列是集飞行与拍摄于一身的高性价比机型，更加小巧的机身提升了它的便携性，毫不逊色的传感器也足以应对各种拍摄环境。大疆Mini系列是大疆最轻的航拍无人机，相当于一个苹果的重量。"麻雀"虽小，但它拥有强大的性能，无论是在生活中记录点滴日常，还是在旅途中航拍山川大海，它都可以轻松实现。

　　以上介绍的5个系列无人机虽然都各有优势，但大疆"御"（Mavic）系列依旧是目前许多摄影师的首选，凭借其轻便的机身以及旗舰级别的拍摄性能，让它深受用户喜爱。因此在之后的章节中将重点对"御"（Mavic）系列进行介绍。

02 如何挑选适合 自己的无人机

　　选购无人机的时候，性价比与实用性都非常重要。每一个系列的无人机都有各自的特点，有的主打拍摄性能，有的主打飞行速度，对于要购买无人机的用户而言，了解自身的拍摄需求是十分必要的。

　　对于航拍领域的新手，建议先购买小型无人机试试手，训练下手感与飞行动作，在初步掌握无人机的操作后，才有把握能够操作更加复杂的机型。因为即使专业人士也难以避免无人机的炸机，所以先用便宜的无人机试试手，即便摔坏了也不会心疼。

　　对于摄影爱好者，如果本身有了一定的摄影水平，想要拓展自身的拍摄领域可以入手大疆"御"（Mavic）系列、大疆Air系列和大疆"精灵"（Phantom）（图1.3）系列无人机。这三个系列的无人机都有一个相同的特点，那就是拍摄能力出众，拥有大尺寸的光学传感器，成像画质十分有保障，尤其是最新的"御"Mavic 3无人机更是搭载了4/3 CMOS哈苏相机双摄系统，相较于上一代"御"2 Pro成像效果有了质的飞跃。从便携性上来说，"御"（Mavic）系列方便外出携带，对于户外摄影师而言是不二选择。

图1.3　"精灵"（Phantom）系列无人机

电影、电视剧以及商业广告等领域的职业摄影师，可以选择购买大疆"悟"（Inspire）（图1.4）系列无人机，这款无人机相较于之前的几个系列，最大的劣势是大重量大体积，但这些缺点在它超大的传感器以及优秀的视频拍摄能力面前简直不值一提。"悟"Inspire 2最高可以拍摄6K无损DNG格式视频，而且在弱光环境下成像画质依旧出色，非常适合影视及高要求视频创作者使用。

图1.4　"悟"Inspire 2

03 购买无人机时的注意事项

在确定好要购买的无人机的类型后，还要了解无人机的参数，比如飞行距离、稳定性、遥控距离、镜头参数等，这些对我们具体选购哪款无人机有参考意义。这些参数在大疆官网可以详细查到，这里不作赘述。

确定下单之前一定要熟知无人机有哪些配件，在验货时要按照物品清单一一核对、验证，因为无人机的配件往往多而杂，很可能出现配件缺少的情况，为此再专门购买补齐是非常不划算的，所以验货时一定要仔细。

这里以"御"Mavic 3为例，介绍官方标配的包装清单，如图1.5所示。

DJI Mavic 3 × 1；

DJI RC-N1 遥控器 × 1；

备用 DJI RC-N1 遥控器摇杆（对） × 1；

DJI RC-N1 遥控器转接线（USB Type-C 接头） × 1；

DJI RC-N1 遥控器转接线（Lightning 接头） × 1；

DJI RC-N1 遥控器转接线（标准 Micro-USB 接头） × 1；

DJI Mavic 3 智能飞行电池 × 1；

DJI Mavic 3 降噪螺旋桨（对） × 3；

DJI 65W 便携充电器 × 1；

DJI Mavic 3 收纳保护罩 × 1；

USB 3.0 Type-C 数据线 × 1。

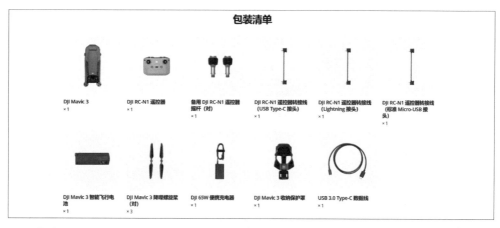

图1.5 "御"Mavic 3 包装清单

04 挑选搭配无人机的相关配件

无人机的配件多种多样，挑选适合自己的配件可以说是如虎添翼，能提高拍摄效率。笔者在这里介绍两款比较热门的配件。首先作为标准版的无人机套装，电池只配备了一块。除了目前最新款的"御"Mavic 3无人机一块电池续航能够达到46分钟，其他版本的无人机电池续航平均下来只有30多分钟，这对于拍摄来说是很吃紧的，基本上起降拍摄一次就要进行充电，比较影响拍摄效率，如果有壮丽的光线要进行延时摄影很可能会因为充电而错过精彩瞬间。这里笔者建议，如果您是有一定摄影基础的摄影爱好者可以额外多购买两块电池或者直接购买畅飞版套装，如图1.6所示。

还有一个比较重要的配件是DJI RC Pro遥控器，这块遥控器最大的优点在于它不用连接手机就可以通过自身的超大屏幕进行遥控，其本身更是相当于一台智能手机，拥有其他很多实用功能，比如社区分享、相册等。之所以推荐是因为笔者有极寒拍摄的需求，在零下二三十摄氏度的环境下用手机遥控是有风险的一件事，因为手机电池会在低温环境下快速损失电量，导致手机自动关机，这就会造成图传突然中断的问题，如果是新手很可能会手忙脚乱致使无人机炸机或失联。而且当遇到信号不好的情况手机遥控也可能会出现问题，带来不必要的麻烦。笔者建议预算充足的用户可以考虑入手DJI RC Pro遥控器，如图1.7所示。

图1.6　御"Mavic 3 畅飞版套装

图1.7　DJI RC Pro 遥控器

05 牢记无人机的法律规范

　　近年来，多个城市地区屡屡发生无人机"黑飞"事件，无人机伤人事件屡见不鲜。在此之后，购买无人机都需要进行实名登记，而大疆也对禁飞区域进行了完善。

　　我们在飞行前一定要了解无人机的飞行限制以及限飞区域。这些通过大疆官方App就可以查询到，每当重要活动举行，禁飞区域将进行扩大，所以要时刻关注限飞区域，避免不必要的麻烦。

　　如果要出国航拍就更要留意国外的法律法规，有的国家入境携带无人机会被扣留。在大部分欧美国家都禁止在市区飞行，美国国家公园也禁飞。大家一定要查询好，如果触犯了当地的法律法规，后果是很严重的，处理起来也相当麻烦，不论是高额罚款还是没收设备都得不偿失。情节严重的甚至会因此被拘留甚至判刑。

第 2 章

熟悉无人机系统与配件

本章将详细介绍无人机系统所包含的系统内容与配件信息，如何激活无人机并进行固件升级。此外还将介绍无人机的界面功能分布，以及部分配件的操作方式。

01 开箱无人机与配件检查

当我们拿到无人机后，要进行开箱检查。首先要检查无人机机身外观是否完好，有无磕碰。如果无人机或配件有损伤，应该及时联系售后解决，不要放任不管，否则在以后的飞行中可能出现很大的安全隐患。以下五点是需要用户额外注意的。

❶**检查机身**：检查无人机机身外观是否正常，有无破损与磕碰。无人机机身连接处的螺丝是否有松动现象，如果有问题请及时联系商家更换。

❷**检查螺旋桨的桨叶**：检查桨叶是否正常，是否有弯曲、折断或者缺失等。

❸**检查遥控器**：检查遥控器天线是否完好，摇杆是否在收纳槽中。

❹**检查云台相机**：检查镜头是否有划痕，云台是否处于正常位置。

❺**检查电池**：检查电池是否膨胀，是否渗出液体，如果出现异常请及时联系商家，并将问题电池进行报废处理。（图2.1所示为笔者购买的"御"Mavic 3无人机畅飞套装）

图 2.1　"御"Mavic 3 无人机畅飞套装

02 激活无人机与固件升级

无论哪款无人机，都会遇到激活与升级固件的问题。升级固件可以帮助无人机修复漏洞，提升飞行安全性。下面笔者以DJI RC-N1这款标配遥控器进行讲解。首先我们要将电池充电，以激活电池，再将电池装入无人机中。当电量显示不满两格时，建议先将电池充电至三格以上，以便完成后续的激活和升级操作。短按一次再长按约2秒飞行器和遥控器的电源开关即可分别开启飞行器和遥控器。

下载并打开DJI FLY App，根据屏幕上的指示完成激活操作，如图2.2~图2.7所示。（如果是DJI RC Pro带屏遥控器可以直接打开App。）

当屏幕左上角出现新固件的升级提示时点击升级提示进入升级页面开始更新，在升级过程中请不要断电或退出App，否则可能导致无人机系统崩溃。

图2.2　点击"激活"按钮

图2.3　点击"同意"按钮

图2.4　显示激活成功

图 2.5　点击提示信息以更新

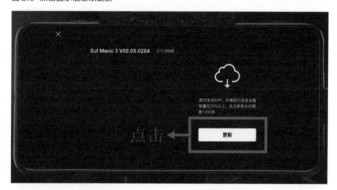

图 2.6　点击"更新"按钮

图 2.7　"下载中"界面

03 掌握无人机的规格参数

我们需要根据无人机的规格参数来确定拍摄计划，比如相机的传感器参数就决定了在拍摄夜景时应当使用何种手法来提高画质，抗风性决定了在何种风速下飞行不会被吹跑，飞行速度在一定程度上决定了无人机能够多快返航，等等。掌握了无人机的规格参数就意味着能够更加高效地拍摄，降低风险。

大疆"御"Mavic 3无人机的部分参数如图2.8所示。读者可以根据自己的无人机型号，到大疆官网查询更全面的参数。

图2.8 "御"Mavic 3的部分技术参数

04 认识遥控器与操作杆

DJI RC Pro 是新一代专业级遥控器,配备性能强悍的新一代处理器,支持O3+图传技术以及4G网络通信,采用DJI FPV遥控器同款摇杆,带来丝滑手感,让影像创作更进一步。由于该款遥控器与标配的DJI RC-N1功能相同, 所以笔者接下来将以性能更加强大的DJI RC Pro遥控器进行讲解。在无人机未使用的情况下, 遥控器的天线是折叠起来的, 如图2.9所示。

图2.9 DJI RC Pro 天线折叠的样子

下面介绍遥控器上的功能按钮,如图2.10、图2.12、图2.13所示。

❶**天线:**传输飞行器控制和图像无线信号。

❷**返回按键:**单击返回上一级界面,双击返回系统首页。

❸**摇杆:**可拆卸设计的摇杆,便于收纳。在DJI Fly App中可设置摇杆操控方式。

❹**智能返航按键:**长按启动智能返航,再短按一次取消智能返航。

❺**急停按键:**短按使飞行器紧急刹车并原地悬停(GNSS或视觉系统生效时)。不同智能飞行模式下急停按键功能有所区别,详情请参考飞行器智能飞行模式章节。

❻**飞行挡位:**切换开关用于切换平稳(Cine)、普通(Normal)与运动(Sport)模式。

❼**五维按键:**可在 DJI Fly 查看五维按键默认功能。查看路径为相机界面 – 设置 – 操控(如图2.11所示)。

图2.10 DJI RC Pro 正面示意图

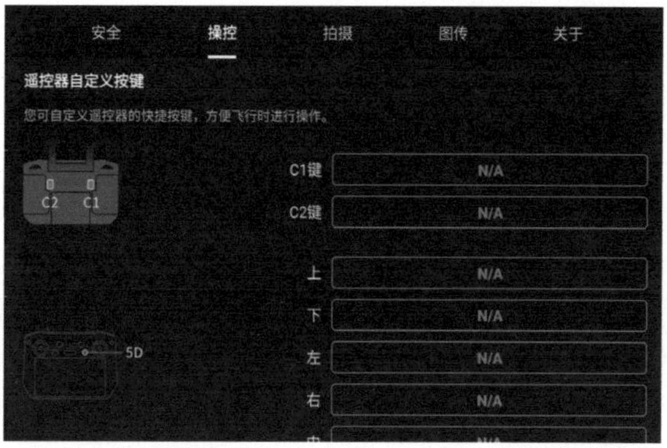

图2.11 自定义按键界面

❽**电源按键**：短按查看遥控器电量；短按一次，再长按2秒开启/关闭遥控器电源。当开启遥控器时，短按可切换息屏和亮屏状态。

❾**确认按键**：选择确认。进入DJI Fly App后，可以作为C3键进行自定义。

❿**触摸显示屏**：可点击屏幕进行操作。使用时请注意防水（如下雨天时避免雨水落到屏幕），以免进水导致屏幕损坏。

⓫**micro SD卡槽**：可插入micro SD卡。

⓬**USB-C接口**：为遥控器充电。

⓭**Mini HDMI接口**：输出HDMI信号至HDMI显示器。

⓮**云台俯仰控制拨轮**：拨动调节云台俯仰角度。

⓯**录影按键**：开始或停止录影。

⓰**状态指示灯**：显示遥控器的系统状态。

⓱**电量指示灯**：显示当前遥控器电池电量。

⓲**对焦/拍照按键**：半按可进行自动对焦，全按可拍摄照片。

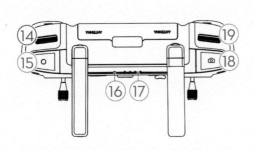

图2.12 DJI RC Pro 顶部示意图

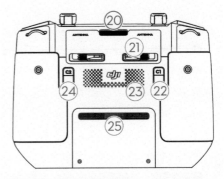

图2.13 DJI RC Pro 背部示意图

⓳**相机控制拨轮**：控制相机变焦。

⓴**出风口**：帮助遥控器进行散热。使用时请勿挡住出风口。

㉑**摇杆收纳槽**：用于放置摇杆。

㉒**自定义功能按键C1**：默认云台回中/朝下切换功能，可前往DJI Fly App进行自定义。

㉓**扬声器**：输出声音。

㉔**自定义功能按键C2**：默认补光灯开关功能，可前往DJI Fly App进行自定义。

㉕**入风口**：帮助遥控器进行散热。使用时请勿挡住入风口。

遥控器摇杆的操控方式有两种，一种是"美国手"，另一种是"日本手"。遥控器出厂的时候，默认的操作方式是"美国手"。

　　"美国手"就是左摇杆控制飞行器的上升、下降、左转和右转操作，右摇杆控制飞行器的前进、后退、向左和向右的飞行方向，如图2.14所示。

　　"日本手"就是左摇杆控制飞行器的前进、后退、左转和右转，右摇杆控制飞行器的上升、下降、向左和向右的飞行方向，如图2.15所示。

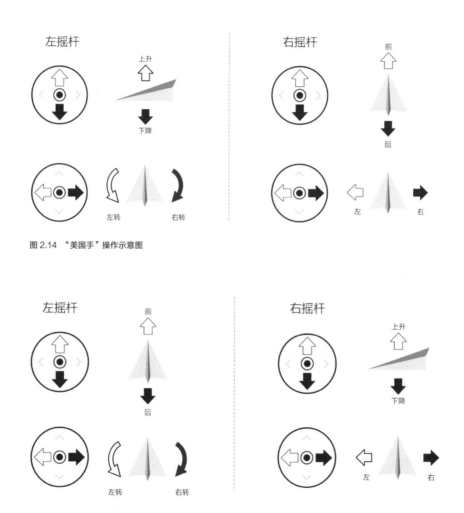

图 2.14　"美国手"操作示意图

图 2.15　"日本手"操作示意图

本书以"美国手"为例，介绍遥控器的具体操作方式。这是学习无人机的基础与重点，能否安全飞行全靠用户对于操作杆的熟练度，希望大家能够熟练掌握。

左摇杆的具体操控方式

左摇杆往上推杆，飞行器升高；往下拉杆，飞行器降低。

往左打杆，飞行器逆时针旋转；往右打杆，飞行器顺时针旋转；中间位置时旋转角速度为零，飞行器不旋转。

摇杆杆量对应飞行器旋转的角速度，杆量越大，旋转的角速度越大。

左摇杆在中间位置时飞行器的高度保持不变。

飞行器起飞时，必须将左摇杆往上推过中位，飞行器才能离地起飞（请缓慢推杆，以防飞行器突然急速上冲，增加炸机风险）。

右摇杆的具体操控方式

右摇杆往上推杆，飞行器向前倾斜，并向前飞行；往下拉杆，飞行器向后倾斜，并向后飞行。

右摇杆在中间位置时飞行器的前后方向保持水平。

摇杆杆量对应飞行器前后倾斜的角度，杆量越大，倾斜的角度越大，飞行的速度也越快。

右摇杆往左打杆，飞行器向左倾斜，并向左飞行；往右打杆，飞行器向右倾斜，并向右飞行。

右摇杆在中间位置时飞行器的左右方向保持水平。

摇杆杆量对应飞行器左右倾斜的角度，杆量越大，倾斜的角度越大，飞行的速度也越快。

05 认识云台

近年来，随着无人机的不断更新和进步，无人机中的三轴稳定云台为无人机相机提供了稳定的平台，可以使无人机在高空飞行的时候也能拍出清晰的照片和视频，稳定的云台甚至能够支持相机在夜景拍摄中达到6秒的长曝光。

通过拨轮调整云台

无人机在飞行的过程中，有两种办法可以调整云台的角度，一种是通过遥控器上的云台俯仰拨轮，调整云台的拍摄角度（如图2.16所示）；另一种是在DJI Fly App的飞行界面中长按屏幕，此时屏幕将出现光圈，拖动光圈可以调整云台角度。

图 2.16　通过拨轮调整云台

无人机的拍摄功能十分强大，云台可在跟随模式和FPV模式下工作，以拍摄出用户想要的照片或视频画面，图2.17所示为"御"Mavic 3无人机的相机。

云台的俯仰角度可控范围为−90°～+30°，而且云台是非常脆弱的设备，所以在操作云台时需要注意，开启无人机的电源后，请勿再碰撞云台，以免云台受损，导致性能降低。另外，在沙漠、雪地地区使用无人机时，要注意不要让云台接触沙子，防止云台进沙。如果云台进沙了，将会影响云台性能，使其活动受阻。如果云台出现水平误差，可以进入到云台选项进行云台自动校准，以恢复平衡。

图 2.17　"御"Mavic 3云台相机

06 认识 显示屏

要想安全地操作无人机，读懂遥控器显示屏上的参数显得尤为重要，掌握这些信息就意味着能够减少炸机概率，下面以"御"Mavic 3无人机最新款的DJI RC Pro带屏遥控器进行讲解，如图2.18所示。

图 2.18　DJI RC Pro 显示屏

❶**飞行挡位 普通挡**：显示当前飞行挡位。

❷**飞行器状态指示栏 500m限高区**：显示飞行器的飞行状态以及各种警示信息。

❸**智能飞行电池信息栏** 🔋3202″：显示当前智能飞行电池电量百分比及剩余可飞行时间。

❹**图传信号强度** 📶：显示当前飞行器与遥控器之间的图传信号强度。

❺**视觉系统状态** ◉|：图标左边部分表示水平全向视觉系统状态，右边部分表示上、下视觉系统状态。图标白色表示视觉系统工作正常，红色表示视觉系统关闭或工作异常，此时无法躲避障碍物。

❻**GNSS状态** 📡21：用于显示 GNSS 信号强弱。点击可查看具体 GNSS 信号强度。当图标显示为白色时，表示GNSS信号良好，可刷新返航点。

❼**系统设置** •••：系统设置包括安全、操控、拍摄、图传和关于页面。

❽**拍摄模式** ▣ 拍照：单拍、AEB 连拍、定时拍。录像：普通及慢动作录像。

❾**探索模式（28X）** 🔍打开探索模式后可点击变焦。🔍图标显示当前放大倍数，点击 🔍图标实现变焦。**AF / MF**：为对焦按钮，点击或长按图标可切换对焦方式并进行对焦。

❿●：点击该按键可触发相机拍照或开始/停止录像。

⓫**回放** ▶：点击查看已拍摄视频及照片。

⓬🅰：拍照模式下，支持切换Auto和Pro挡，不同挡位下可设置参数不同。

⑬ ![] ：显示当前拍摄参数。点击可进入设置。

⑭ ![] ：显示当前SSD或SD卡容量。点击可展开详情。

⑮ **飞行状态参数** ![]

　　D（m）：显示飞行器与返航点水平方向的距离。

　　H（m）：飞行器与返航点垂直方向的距离。

　　右上0.0（m/s）：飞行器在水平方向的飞行速度。

　　左上0.0（m/s）：飞行器在垂直方向的飞行速度。

⑯ **地图** ![] ：点击可切换至姿态球，显示飞行器机头朝向、倾斜角度、遥控器、返航点位置等信息。

⑰ **自动起飞/降落/智能返航** ![] ：点击展开控制面板，长按使飞行器自动起飞或降落。

　![] ：点击该图标飞行器将即刻自动返航降落并关闭电机。

⑱ ＜：轻触此按键，返回主页。

07 认识充电器与电池

　　电池是专门为无人机供电的，如果电池电量不足，无人机就无法飞行。下面以"御"Mavic 3无人机配备的最新款电池进行讲解。DJI Mavic 3智能飞行电池是一款容量为5000 mAh、额定电压为15.4 V、带有充放电管理功能的电池。该款电池采用高能电芯，并使用先进的电池管理系统，相较于上一代电池，续航时间提升了大约15分钟，达到了46分钟。我们在购买无人机的时候，飞行器本身会标配一块电池，如果想要更加高效地拍摄，这里推荐额外购买两块电池，这样用户在使用无人机时就能交替使用电池，图2.19所示为"御"Mavic 3无人机的电池。

图 2.19 "御"Mavic 3 电池

　　一块电池在飞行时最多能够飞行46分钟，所以如何延长电池使用寿命就显得异常重要，下面讲解几个电池使用和保管的要点。

　　❶电池在室外使用中能够承受的温度范围是−10℃~40℃，所以在夏天不能将电池长期暴露在太阳下暴晒，在冬天飞行前要对电池进行预热，以免飞行时发生意外。

　　❷电池在存储中有自放电保护设计，充满电后放置3天会自动放电至96%电量。累计放置并在无任何操作9天后，电池将放电至60%电量（期间可能会有轻微发热，属正常现象）以保护电池。图2.20所示为电池信息界面，用户可以查看当前电池状态。

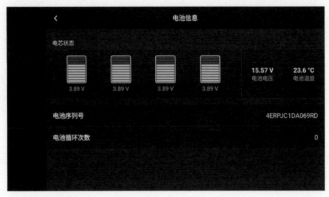

图2.20　电池信息

　　❸在低温环境（−10℃~5℃）下使用电池，请务必保证电池满电。在−10℃以下的环境下无法使用电池飞行。当DJI Fly App提示功率不足时建议立刻停止飞行，待电池温度升高或充满电后再飞行。用户还可以在DJI Fly App中查看电池信息，以确保电池条件安全。

　　❹如果要携带无人机进行旅行，请不要把无人机充满电，在出发前放电至50%左右，如果要将电池带上飞机，建议将电量放电至30%左右。在运输过程中避免对电池造成挤压、撞击等外力损伤，并在安全的背包中存放好。

　　❺在智能飞行电池关闭状态下，短按电池开关一次，可查看当前电量，如图2.21所示。短按电池开关一次，再长按电池开关2秒以上，即可开启/关闭智能飞行电池。电池开启时，电量指示灯显示当前电池电量；电池关闭后，指示灯均熄灭。

图2.21　"御" Mavic 3 电池示意图

　　每次使用智能飞行电池前，请务必充满电。智能飞行电池必须使用大疆官方提供的充电管家以及专用电源适配器进行充电。Mavic 3充电管家配合标配电源适配器使用，可连接三块Mavic 3智能飞行电池，并根据电池的剩余电量高低依次为电池充电。充满单块电池的时间大约为1小时36分钟。

　　使用充电管家充电方法如图2.22、图2.23所示：将电池按图示方向插入充电管家的电池接口，DJI 65W便携充电器连接电源接口至交流电源（100-240 V，50/60 Hz）。充电管家将根据电池的电量高低轮流为电池充电。充电过程中，充电管家状态指示灯显示当前状态，电池电量指示灯显示电量信息。充电完成后，请取下电池并断开电源连接。

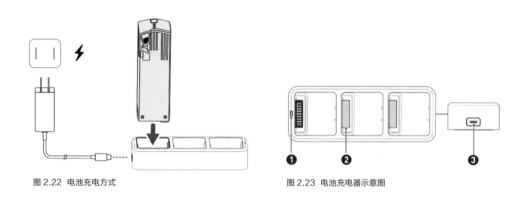

图 2.22　电池充电方式　　　　　　　　　　　　　图 2.23　电池充电器示意图

❶状态指示灯
❷电池接口
❸电源接口

　　使用DJI 65W便携充电器充电方法如图2.24所示：连接便携充电器到交流电源（100-240 V，50/60 Hz），在智能飞行电池关闭的状态下，连接飞行器与充电器。充电状态下智能飞行电池电量指示灯将会循环闪烁，并指示当前电量。电量指示灯全部熄灭时表示智能飞行电池已充满。请断开飞行器和充电器，完成充电。

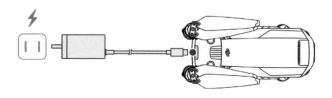

图 2.24　"御"Mavic 3 充电方式

第 3 章

无人机安全指南

无人机的安全，会涉及三个层面，一是财产安全，一旦发生坠机，会有财产的损失；二是注意避开限飞区，注意法律法规的限制；三是注意无人机坠机可能会对地面行人及建筑产生伤害。

此外，本章还介绍了面对各种突发状况的应对和挽救措施。

01 了解无人机的 限飞区域

对于无人机的法律法规，我们一定要严格遵守。例如熟知无人机的禁飞区域，以免在不知情的情况下违反法律。

无人机的禁飞区有很多，除了机场外，一些一线城市比如北京会全区域禁飞，还有一些人员密集的地区，比如商业区、演唱会、大型活动等都属于禁飞区域。其他的重要区域比如军事基地、工厂、政府机关单位也是禁飞区域，这些区域比较敏感，在飞行时要尤为注意。

如果用户不清楚哪些区域属于禁飞区，可以通过大疆官方的DJI Fly App进行查询，下面进行查询方法介绍。

进入DJI Fly App主界面，点击左上角的地点，在弹出的界面中点击搜索框，输入你想查询的地点，即可在地图上显示此地点的禁飞区域，如图3.1~图3.3所示。

图 3.1 点击"附近航拍点"按钮

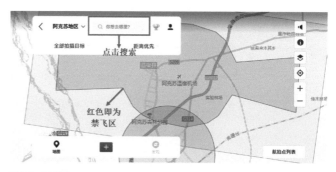

图 3.2 点击搜索

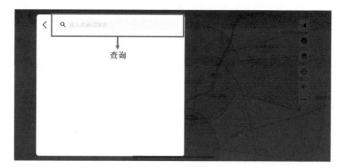

图 3.3 输入地点名称以查询

02 检查无人机的飞行环境是否安全

操作无人机的环境很重要，什么样的环境要额外注意，什么样的环境可以自由自在地飞行，这些都需要我们掌握。只有对飞行环境有充足的了解，才能安全地使用无人机，避免发生安全事故。

❶**人群聚集的环境不能起飞：** 无人机起飞时要远离人群，不能在人群头顶飞行，这样很容易发生危险，因为无人机的桨叶旋转速度很快且很锋利，碰到人会划出很深的口子，这样会造成很大的麻烦，如图3.4所示。

图3.4 不能在人群头顶飞行

　　如果想拍摄人员密集的大场景，但是不能在人员密集的地方起飞，那应该怎么办呢？这个时候无人机可以在远离人群的位置起飞，那样会稍微安全些，如图3.5所示。

图 3.5　远离人群飞行

　　❷放风筝的环境不能飞：如图3.6所示，我们不能在有风筝的地方飞行无人机，风筝是无人机的天敌。之所以这么说是因为风筝靠一根很细的长线控制，而无人机在天上飞的时候，这根细线在图传屏幕上根本不可见，避障功能也会因此失效。如果一不小心撞到了这根线，那么无人机的桨叶就会被线缠住，甚至直接导致炸机。

图 3.6　不能在放风筝的区域操作无人机

❸**在城市中飞行，要寻找开阔地带：**无人机在室外飞行的过程中主要依靠GPS进行卫星定位，然后依靠各种传感器才得以在空中安全飞行，如图3.7所示。但在高低错落的城市建筑群中，建筑物外部的玻璃幕墙会影响无人机对信号的接收，进而造成无人机乱飞的情况。同时高层建筑楼顶可能还会配备有信号干扰装置，如果飞得太近的话很可能丢失信号，导致无人机失联。

图3.7　在城市高空飞行

❹**大风、雨雪、雷暴等恶劣天气不要飞行：**如果室外的风速达到5级以上，对于无人机而言就属于一个比较危险的环境，尤其是小型无人机，比如大疆Mini系列在这种大风天气中飞行会直接被风吹跑，无影无踪。大型无人机相对而言抗风性能会比较好，但当遇到更大风速的环境也很难维持机身平衡，可能导致炸机；雨雪天气中飞行会将无人机淋湿，同时产生飞行阻力，可能会对电池等部件造成损伤，如果雪停了可以飞一飞无人机，雪后的景色是很美的，如图3.8所示；雷电天气飞行会直接引雷到无人机身上，无人机可能发生爆炸，非常危险。

图3.8　雪后航拍山脉美景

03 检查无人机机身是否正常

无人机的外观检查是飞行前的必需工作，主要包括以下内容。

❶检查外观是否有损伤，零件是否有松动现象。

❷检查电池是否扣紧，未正确安装的电池会对飞行造成很大的安全隐患。如图3.9所示，左图为电池未正常卡紧的状态，电池凸起，且留有很大缝隙；右图为正确安装电池的效果。

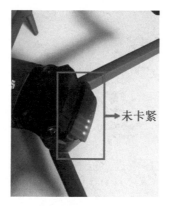

图 3.9　检查电池是否扣紧

❸确保电机安装牢固、电机内无异物并且能自由旋转。

❹检查螺旋桨是否正确安装。桨叶正确安装方法如下：将带标记的螺旋桨安装至带有标记的电机桨座上。将桨帽嵌入电机桨座并按压到底，沿锁紧方向旋转螺旋桨到底，松手后螺旋桨将弹起锁紧。使用同样的方法安装不带标记的螺旋桨至不带标记的电机桨座上，如图3.10所示。

❺确保飞行器电源开启后，电子调速器有发出提示音。

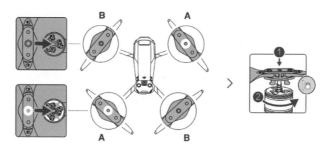

图 3.10　检查螺旋桨是否正确安装

04 校准IMU和指南针

如果是全新未起飞的无人机或者受到大的震动或者放置不水平都建议做一次IMU校准，以防止飞行中出现定位错误等问题，这时开机自检的时候会显示IMU异常，此时需要重新校准IMU。具体步骤如下：开遥控器，连上App，把飞机放置在水平的台面上；进入DJI FLY App，打开"安全设置"–"传感器状态"–"IMU校准"。如果无人机处于易被电磁干扰的环境中（比如铁栏杆附近），那么进行指南针校准是很有必要的，进行IMU校准与指南针校准的步骤如图3.11~图3.13所示。

图 3.11　查看 IMU 与指南针状态

图 3.12　点击"开始"按钮校准指南针

图 3.13　点击"开始"按钮校准 IMU

05 无人机起飞时的相关操作

无人机在沙地或雪地环境中起飞时，建议使用停机坪起降，能降低沙尘或雪水进入无人机造成损坏的风险。在一些崎岖的地形条件下，也可以借助装载无人机的箱包来起降。

起飞无人机后，应该先使无人机在离地5米左右的高度悬停一会儿，然后试一试前、后、左、右飞行动作是否能正常做出，检查无人机在飞行过程中是否稳定顺畅。如果无人机各项功能正常，再上升至更高高度进行拍摄。

在飞行过程中，遥控器天线要与无人机的天线保持平行，而且要尽量保证遥控器天线与无人机之间没有遮挡物，否则可能会影响对频，如图3.14所示为站立姿态操纵无人机的正确姿势。

图 3.14　站立姿态操纵无人机

06　确保无人机的
飞行高度安全

　　无人机在户外飞行时，默认的最大飞行高度是120米，最大飞行高度可以通过设置调整到500米（当地没有限高的前提下）。对于新手来说，无人机飞行高度小于120米时是比较安全的，因为无人机会保持在我们视线范围内，便于我们监测其动向。当无人机脱离120米的高度限制后，我们就很难观测到它，可能因此引发炸机等事故的发生。用户可以在App的安全设置中改变最大高度，如图3.15所示。

图3.15　设置无人机最大飞行高度

07　深夜飞行
注意事项

　　每当夜幕降临，华灯璀璨的美丽夜景总会让人流连往返，尤其用无人机拍摄可以俯瞰繁华夜色，如图3.16所示。航拍夜景大多都是在灯火通明的市区，市区有时高楼林立，飞行环境相当复杂。夜晚航拍要想做到安全，就需要我们白天提前勘景、踩点。笔者建议提前在各大社交平台查一下夜航飞行地点，找好机位后白天再去踩点，最好找一个宽敞的地方作为起降点。起降地点一定要避免树木、电线、高楼、信号塔。因为夜晚下，肉眼难以看到电线、建设中的楼宇障碍物，无人机避障功能也将失效。航拍城市夜景，建议白天观测好飞行路线，夜晚可以用激光笔照射天空，如果有障碍物，光线会被切断。

图 3.16　航拍城市夜景

08 飞行中遭遇大风天气的应对方法

在大风中飞行无人机时要额外注意，因为大风会使无人机失去平衡，甚至吹飞小型的无人机。笔者建议在风中飞行无人机时点击App左下角的◁按钮，再点击小地图右下角切换为姿态球，如图3.17所示。

切换为姿态球

图 3.17　大风天气飞行无人机

姿态球中两条短线代表着飞机的俯仰姿态，当飞机处于上仰姿态时，双横线位于箭头下方，反之双横线位于箭头上方。因为地表和高空的环境存在差异（高空障碍物少，阻力低），通常都是无人机起飞之后，我们才发现风速过大。如果发现遭遇强风，建议立刻降低飞行器高度，然后尽快手动将飞行器降落至安全的地点。遇到持续性大风时，不建议使用自动返航，最好的应对方案还是手动控制飞回，如果风速过大，App通常会有弹窗警告，如图3.18所示。

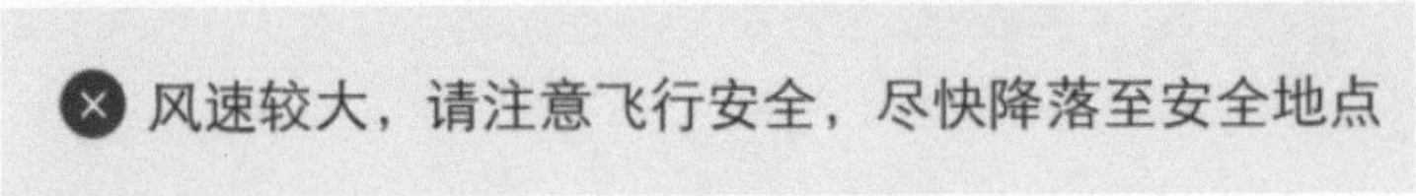

⊗ 风速较大，请注意飞行安全，尽快降落至安全地点

图 3.18　弹窗警告

如果遭遇突如其来的阵风，或者返航方向逆风，可能会导致飞行器无法及时返航。此时可通过肉眼观察，或者查看图传画面，快速锁定附近合适的地方先行降落，之后再前往寻找。判断降落地点是否合适有3个标准：一是避免降落在行人多的地面，防止伤人；二是不会对飞行器造成损坏，平坦的硬质地面最好；三是易于抵达，且具有比较高的辨识度，易于后期寻找。

最后补充一点，遭遇大风且无法悬停时，可以调整无人机飞行模式为运动模式，这样可以以满动力对抗强风。要注意一定要将机头对着风向逆风飞行，这样会大大增加抗风能力，这种方法仅限于在紧急情况下使用，请勿轻易尝试。

09 飞行中图传信号丢失的处理方法

当App上的图传信号丢失时，应该马上调整天线与自身位置，看能否重拾信号，因为图传信号消失大概率是因为无人机距离过远或者信号有遮挡导致的。如果无法重拾图传信号，可以用肉眼寻找无人机的位置，假如可以看到无人机，那么就可以控制无人机返航；要是看不到无人机，可以尝试手动拉升无人机高度几秒来避开障碍物，使无人机位于开阔区域，这样可以重新获得图传信号。

如果还是没有图传信号，那么应该检查App上方的遥控信号是否存在，然后打开左下角的地图尝试转动摇杆观察无人机朝向变化，若有变化则说明只是图传信号丢失，用户依旧可以通过地图操作无人机返航。

如果尝试了多种方法依旧无效，笔者建议按返航键一键返航，然后等待无人机自动返航，这是比较安全的处理方法。

10 无人机降落时的相关操作

　　在无人机降落过程中，有许多值得注意的点。首先要确认降落点是否安全，地面是否平整，区域是否开阔，是否有遮挡，等等。无人机的电量也应该注意，如果无人机的电量不足以支持其返航，它就会原地降落，这时需要通过地图确定无人机的具体位置。在不平整或有遮挡的路面降落可能会损坏无人机，如图3.19所示。

　　在光线较弱条件下，无人机的视觉传感器可能会出现识别误差。在夜间使用自动返航功能时应该事先判断附近是否有障碍物，谨慎操作。等无人机返回至返航点附近时，可以按停止键停止自动返航功能，再手动降落至安全的地点。

　　降落至最后几米时，笔者建议将无人机的云台抬起至水平状态，以避免无人机降落时镜头磕碰到地面。等降落到地面后，先关闭无人机，再关闭遥控器，以确保无人机时刻可接收到遥控信号，确保安全。

图 3.19　在不平整或有遮挡的路面降落可能会损坏无人机

11 如何找回失联的无人机

如果用户不知道无人机在失联前在天空哪个位置，那么可以给大疆的官方客服打电话，在客服的帮助下寻回无人机。除了寻求客服帮助外，我们还可以通过DJI GO 4 App与DJI FLY App自主找回失联的无人机，笔者以DJI GO 4 App为例进行讲解。

❶进入DJI GO 4 App主界面，点击右上角"设置"按钮 ☰，如图3.20所示。

❷在弹出的列表框中，点击"找飞机"选项，如图3.21所示，在打开的地图中可以看到当前的飞机位置。此外，用户在"飞行记录"中也可以查看当前飞机的位置。

图 3.20　点击"设置"按钮　　　　图 3.21　点击"找飞机"或"飞行记录"选项

❸进入个人中心页面，最下方有一个"飞行记录"列表界面，如图3.22所示。

❹从下往上滑动屏幕，点击最后一条飞行记录，如图3.23所示。

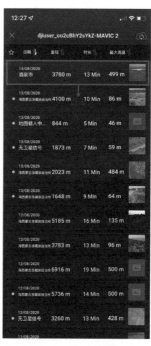

图 3.22　"飞行记录"列表界面

图 3.23　点击最后一条飞行记录

❺再度打开的地图界面中，可以查看无人机的最后一条飞行记录，如图3.24所示。

❻将界面最底端的滑块拖拽至右侧，可以查看到飞行器最后时刻的坐标值，如图3.25所示，通过这个坐标值，也可以找到飞机的大概位置。目前大部分无人机坠机记录点的误差在10米之内，现在可以动身找回你的无人机了。

图 3.24　查看最后一条飞行记录

图 3.25　查看飞行器坐标值

第 4 章

无人机相关App使用技巧

无人机的控制，需要借助于专用App实现，包括信号的传输、拍摄参数的设定等，都需要在App内进行设置。本章将介绍与无人机控制相关的App的全方位知识。

01 下载并安装 DJI GO 4 App / DJI FLY App

　　要想操作无人机，用户需要安装大疆的 DJI GO 4 App 或 DJI FLY App。这两个 App 是用来控制无人机飞行与拍摄的。DJI GO 4 App 适配晓、御、精灵 4 系列和悟 2 系列无人机，DJI FLY App 则适用于 DJI Mavic 3、DJI Air 系列和 DJI Mini 系列无人机。笔者将在本章节对 DJI GO 4 App 进行讲解。

　　本节将介绍安装、注册并登陆 DJI GO 4 App 的方法。

　　❶进入手机中的应用商店，找到搜索栏，输入"DJI GO 4"，下方将显示搜索结果，点击"获取"，如图 4.1 所示。

　　❷开始安装 DJI GO 4 App，界面中将显示安装进度，如图 4.2 所示。

　　❸待 DJI GO 4 App 安装完成后，点击界面中的"打开"按钮，如图 4.3 所示。

　　❹进入 DJI GO 4 App 启动页面，下方将显示 App 的名称，如图 4.4 所示。

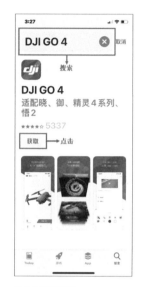

图 4.1　搜索结果

图 4.2　安装进度

图 4.3　点击"打开"按钮

图 4.4　App 界面

02 注册账号并连接无人机设备

当用户在手机中安装好DJI GO 4 App后，接下来需要注册和登录DJI GO 4 App，这样才能拥有自己的账号。账号中会显示自己的用户名、作品数、粉丝数、关注数及收藏数等信息，如图4.5、图4.6所示。

图4.5 账号中的个人信息界面（1）

图4.6 账号中的个人信息界面（2）

下面介绍注册与登录DJI GO 4 App的方法。

❶进入DJI GO 4 App的工作界面，点击左下方的"注册"按钮，如图4.7所示。

❷进入"注册"页面，目前App只能通过邮箱注册，如图4.8所示，在上方输入邮箱账号，输入右侧图片中的验证码，点击"下一步"按钮。

❸进入到"设置密码"界面，在上方输入你设置的密码，下方再重复输入一遍，然后点击"注册"按钮，如图4.9所示。

❹进入到"完善资料"界面，在其中设置好用户名、性别、头像、所在地区等信息，点击"确定"按钮，如图4.10所示。

❺完成账号信息的填写后，进入到"设备"界面，点击"进入设备"，如图4.11所示。

❻进入到"御2"界面，即可完成App的注册与登录操作，如图4.12所示。

图 4.7　点击"注册"按钮

图 4.8　输入邮箱与验证码

图 4.9　点击"注册"按钮

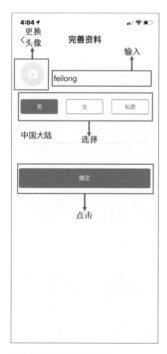

图 4.10　点击"确定"按钮

图 4.11　选择你的设备

图 4.12　完成注册与登录操作

当用户完成注册与登录DJI GO 4 App的操作后，需要将App与无人机设备进行正确的连接，这样才可以通过DJI GO 4 App来控制无人机。下面介绍连接无人机设备的操作方法。

❶进入DJI GO 4 App主页面，点击"进入设备"按钮。

❷进入"选择下一步操作"界面，点击"连接飞行器"按钮，如图4.13所示。

❸进入"展开机臂和安装电池"界面，根据界面提示，展开无人机的前机臂和后机臂，然后将电池放入电池仓。操作完成后，点击"下一步"按钮，如图4.14所示。

❹进入"开启飞行器和遥控器"页面，根据界面提示，开启飞行器和遥控器。操作完成后，点击"下一步"按钮，如图4.15所示。

❺进入"连接遥控器和移动设备"界面，通过遥控器上的转接线，将手机与遥控器进行正确连接，并固定好，如图4.16所示。

❻此时，屏幕上会弹出提示信息框，提示用户是否连接此设备，点击"确定"按钮。

❼稍后，界面中会提示用户设备已连接成功，点击"完成"按钮。

❽执行操作后，返回DJI GO 4 App主界面，左下角会显示连接状态。如果用户想要操作无人机起飞拍摄，可以点击"开始飞行"按钮，即可进入DJI GO 4 App飞行界面。

图 4.13　点击"连接飞行器"按钮

图 4.14　展开机臂和安装电池

图 4.15　开启飞行器和遥控器

图 4.16　连接遥控器和移动设备

03 掌握App的 相关参数设置

DJI GO 4 App有很多参数设置，笔者将在本节挑选一些能协助用户更好地飞行与拍摄的参数设置进行讲解。

❶飞控参数设置——允许切换飞行模式

在"飞控参数设置"中，默认的飞行模式是P挡。将右侧的开关打开后，如图4.17所示，就可以在三种飞行模式中进行切换。S挡为运动模式，无人机的飞行速度会更快，可以获得最大速度，用于拍摄行驶中的物体比如汽车、船等交通工具非常好用；T挡为三脚架模式，常用于拍摄夜景或室内航拍，可以获得更长的快门速度，也可以获得更加稳定的画面。

图 4.17　"允许切换飞行模式"功能

❷飞控参数设置——返航高度

此功能可以设置无人机的返航高度，数值范围在20米~500米。当用户选择让无人机自动返航或者无人机失控触发返航后，如果无人机距离返航点大于20米，无人机就会按设置的返航高度进行返航，如果当前高度大于返航高度则会以当前高度返航。

笔者建议把无人机的返航高度设置得尽可能大一些，比如400米。因为如果在城市中飞行，四周的高楼就是返航途中的障碍物，那么无人机高度超越这些建筑物就可以避免危险，减少撞击概率。

❸飞控参数设置——高级设置——失控行为

"失控行为"指的是无人机和遥控器失联后，无人机自主做出的行为，这里有3个选项可供选择：返航、悬停和下降，如图4.18所示。

图 4.18 "失控行为"功能

"下降"是最不可取的，因为一旦遥控器图传消失，用户很难判断无人机下方的情况，是悬崖、湖泊，还是凹凸不平的路面？在这些环境中降落，结局无疑是炸机。所以，笔者建议大家选择"返航"与"悬停"之间的一个。如果是在室内飞行或是肉眼可见无人机时可以选择"悬停"，这是最佳的解决方案。如果飞行距离远，甚至跨越山河，那就建议选择"返航"，凭借无人机自身的避障功能，在多数情况下是可以安全返回的。

❹感知设置——启用视觉避障功能

"御"Mavic 2、"御"Mavic 3支持全向避障，笔者建议飞行时打开视觉避障功能，如图4.19所示。在"御"Mavic 2检测到有障碍物后，会先发出警报，如果继续靠近障碍物则会悬停以保证安全。不过用户需要注意的是，视觉避障功能仅在智能飞行模式（P挡）以及三脚架模式（T挡）下才会生效，在运动模式下会失效，这也是许多飞手炸机的原因之一。另外，无人机无法判断电线等细小的物体，在夜间视觉避障功能也将失效。

图 4.19 打开"视觉避障"功能

❺**感知设置——显示雷达图**

在"感知设置"界面中,笔者建议大家打开"显示雷达图"功能,如图4.20所示。开启之后飞行界面会显示实时的障碍物检测雷达图,用户可以清晰掌握无人机周边的障碍物,避免炸机风险。

图 4.20 打开"显示雷达图"功能

❻**遥控器设置——充电模式**

在"遥控器设置"界面中,有一个"充电模式"的选项。如果用户使用的是手机作为图传显示工具的

话,笔者建议打开此功能。如果在飞行过程中作为显示屏的手机没电了,会给无人机的飞行带来安全隐患。打开此功能后,可以利用遥控器内置的电池为手机进行缓慢充电,从而保证飞行过程中会有稳定的图传显示,如图4.21所示。

图 4.21 打开"充电模式"功能

❼**智能电池设置——低电量智能返航**

在"智能电池设置"界面中,笔者建议开启"低电量智能返航"功能,如图4.22所示。开启此功能后,无人机会根据自身相对于返航点的高度与距离计算出返航需要的电量,当计算得出当前电量只够支持返航时,无人机就会自动开始返航,这也是一种防止没电导致炸机的手段。

图 4.22 打开"低电量智能返航"功能

04 设置光圈、ISO和快门速度

　　要想成为无人机航拍高手，首先要了解摄影三大参数：光圈、快门与ISO，掌握无人机的四种曝光模式，即自动模式、光圈优先模式、快门优先模式及手动模式，这样可以帮助用户拍出更加专业的照片。

　　打开无人机与遥控器，进入DJI GO 4 App相机界面，点击右侧的"调整" 按钮，如图4.23所示。

　　进入ISO、光圈和快门速度的设置界面。这里有4种拍摄模式，分别是自动模式、光圈优先模式（A挡）、快门优先模式（S挡）和手动模式（M挡），如图4.24所示。在不同拍摄环境中选择对应的拍摄模式可以拍出不同的照片效果。在每种模式下面，都有ISO、光圈和快门速度的参数，用户可以根据自己需求来设置。

图 4.23　点击"调整"按钮

图 4.24　设置多项拍摄参数

感光度 ISO 的相关设置

　　ISO感光度是摄影领域最常使用的术语之一，感光度越高，对光线的敏感度就越高，越容易获得较高的曝光值拍到更为明亮的画面，越适合在光线昏暗的场所拍摄，同时色彩的鲜艳度和真实性则会受到影响。ISO有具体的数值，如100、200、400、800、1 600等，数值越大，代表感光元件对光线的敏感程度越高。在相机设置界面的"自动模式"下，滑动下方的ISO滑块，可以调整ISO感光度参数，如图4.25所示。

图 4.25　调整 ISO 感光度参数

　　曝光时ISO感光度的数值不同，最终拍摄画面的画质也不相同。ISO感光度发生变化即改变感光元件CMOS对于光线的敏感程度，具体原理是在原感光能力的基础上进行增益，增强或降低所成像的亮度，使原来曝光不足偏暗的画面变亮，或者使原来曝光正常的画面变暗。这就会造成另外一个问题，在加亮时，同时会放大感光元件中的杂质（噪点），这些噪点会影响画面的效果，并且ISO感光度数值越高（放大程度越高），噪点也越明显，画质就越粗糙；如果ISO感光度数值较小，则噪点就变得很弱，此时的画质比较细腻出色。如图4.26、图4.27所示，左边为低ISO感光度值拍摄的照片，画质细腻且无噪点，但画面整体偏暗，曝光不足；右图是在高ISO感光度值拍摄的，画面亮度提升，但天空中有些许噪点，画面中的细节也都展现了出来。

图 4.26　低 ISO 感光度值的画面

图 4.27　高 ISO 感光度的画面

光圈的相关设置

光圈是一个用来控制光线透过镜头，进入机身内感光元件的装置。光圈有一个很生动形象的比喻，那就是人眼的瞳孔。不管是人还是动物，在黑暗中瞳孔都会变得最大，在阳光中则是最小的。因为瞳孔的大小决定着进光量的多少，相机中的光圈同理，光圈越大，进光量就越大，常用于弱光拍摄环境；光圈越小，进光量越小，常用于光线充足的拍摄环境。

光圈除了控制进光量以外，还有一个重要的作用，那就是控制景深。通俗地说，景深就是指拍摄的照片中，对焦点前后能够看到的清晰对象的范围。景深以深浅来衡量，清晰景物的范围较大，是指景深较深，即远处与近处的景物都非常清晰；清晰景物的范围较小，是指景深较浅，这种浅景深的画面中，只有对焦点周围的景物是清晰的，远处与近处的景物都是虚化的、模糊的。

在DJI GO 4 App的"调整"界面中，我们选择A挡，即光圈优先模式，在下方滑动光圈参数，可以任意设置光圈大小，如图4.28所示。

图 4.28 调整光圈数值

快门的相关设置

快门是指相机的曝光时间长短，在EXIF中有曝光时间这个参数，通常被称为快门时间或快门速度，单位为s（秒）。快门速度是以数字大小来表示，数字越大表示快门速度越快，曝光量就越少；相对地，当数字越小快门速度越慢，曝光量就越多。以现在的专业数码相机来看， 常规的慢速快门一般为30秒，接下来是15秒、8秒、4秒、2 、1秒、1/2秒、1/4秒、1/8秒、1/15秒、1/30秒、1/60秒、1/125秒、1/250秒、1/500秒、1/1000秒、1/2000秒、1/4000秒等。

在DJI GO 4 App的"调整"界面中，我们选择S挡，即快门优先模式。在下方滑动快门参数，可以任意设置快门速度大小，如图4.29所示。

图 4.29　调整快门速度

　　"高速快门"可以捕捉运动主体瞬间的静态画面，就如同对正在播放的电影进行截屏一样，运动的景物一般需要进行抓拍，需要设置较快的快门速度，最常见的如拍摄处于运动状态的运动员或者拍摄飞行中的鸟类等对象。如图4.30所示，这就是利用"高速快门"捕捉定格烟花的形态，可以清晰地拍摄出烟花的绽放过程。

图 4.30　利用"高速快门"拍摄烟花

　　在拍摄运动的对象时，如果快门速度变得很慢，这样就无法在相机内成非常清晰的像。并且拍摄对象呈现出一种动感模糊的状态，有时会拉出长长的运动线条。例如使用慢于1s的快门速度拍摄夜晚街道的车流，你会发现快门时间越长，车流的效果越明显，这就是一种动感模糊的效果。图4.31所示就是利用"慢速快门"拍摄的流光溢彩的车轨画面。

图4.31 利用"慢速快门"拍摄车轨

手动模式（M挡）

　　手动模式（M挡），除自动对焦外，光圈、快门、感光度等与曝光相关的所有设定都必须由拍摄者事先完成。对于拍摄诸如落日一类的高反差场景以及要体现个人思维意识的创作性题材图片时，建议使用手动曝光，这样我们可以依照自己要表达的立意，任意地改变光圈和快门速度，创造出不同风格的影像。如图4.32所示，手动模式（M挡）可以自由设置参数。

图4.32 M挡可以自由设置参数

05 设置照片尺寸与格式

使用无人机拍摄照片之前，设置好照片的尺寸与格式也很重要，不同的照片格式与尺寸对于照片的使用途径有不同的影响。下面介绍无人机拍摄不同尺寸与格式的照片的设置方法。

在DJI GO 4 App的"调整"界面中，照片有两种比例可供选择，一种是16：9的尺寸，另一种是3：2的尺寸，用户可以根据所需选择要拍摄的照片尺寸，具体步骤如下。

❶进入相机调整界面，点击"照片比例"按钮，如图4.33所示。

❷进入"照片比例"设置界面，在其中可以选择需要拍摄的照片尺寸，如图4.34所示。

图 4.33　点击"照片比例"按钮

图 4.34　选择照片比例

如图4.35、图4.36所示，上图为使用无人机拍摄的16∶9的照片尺寸，下图为使用无人机拍摄的3∶2的照片尺寸。

图4.35 16∶9的照片

图4.36 3∶2的照片

在DJI GO 4 App的"调整"界面中，可以设置3种照片格式，分别是RAW格式、JPEG格式和JPEG+RAW格式，如图4.37所示。

图4.37 选择照片存储格式

06 设置照片拍摄模式

无人机拍摄照片时为我们提供了7种拍摄模式，分别是单拍、HDR、纯净夜拍、连拍、AEB连拍、定时拍摄及全景拍摄，不同的拍摄模式可以满足我们日常的拍摄需求。这个功能非常实用，也是学习无人机的基础，下面介绍设置照片拍摄模式的步骤。

❶在飞行界面中，点击右侧的"调整"图标，进入相机调整界面，点击"拍照模式"按钮，如图4.38所示。

❷进入"拍照模式"界面，在其中可以看到用户可以使用的拍照模式，如图4.39所示。"单拍"指拍摄单张照片。"HDR"（High-Dynamic Range）为高动态范围影像，相比普通的图像，HDR可以保留更多的高光与暗部细节。"纯净夜拍"可以用来拍摄清晰的夜景照片。"连拍"指的是连续拍摄多张照片。

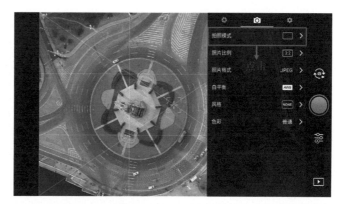

图 4.38　点击"拍照模式"按钮

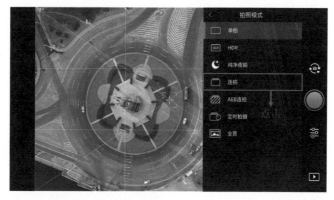

图 4.39　多种拍摄模式可供选择

❸点击"连拍"按钮后，可以选择连拍3张或5张，如图4.40所示，可以用来抓拍高速运动的物体，也可以用来后期堆栈降噪，提升画质。

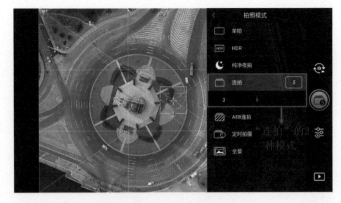

图4.40　可以选择连拍3张或5张

❹"AEB连拍"指的是包围曝光拍摄，用户可以选择3张或5张，相机以0.7挡的曝光增减连续拍摄多张照片，适用于拍摄静止的大光比场景。"定时拍摄"指的是以所选的拍摄间隔在同一视角连续拍摄多张照片，下面有9个不同的时间间隔可供选择，如图4.41所示，此功能适用于用户拍摄延时作品。

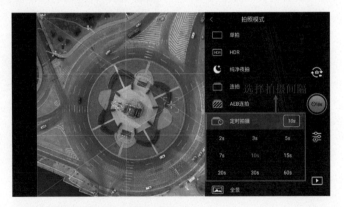

图4.41　定时拍摄模式有9个不同的时间间隔

❺"全景"是一种非常方便的拍摄模式，用户可以拍摄4种不同的全景照片，即"球形"全景、"180°"全景、"广角"全景及"竖拍"全景（具体拍摄方法在后面章节详细介绍），如图4.42所示。

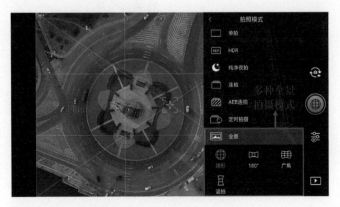

图4.42　全景有4种拍摄模式

07 设置 相机参数

　　用户在拍摄照片时，有时也需要对相机的参数进行相关设置，使无人机可以更好地帮助用户，如是否保存全景照片、是否显示直方图、是否锁定云台、是否使用辅助线构图及照片的存储位置等，设置好这些参数，可以更加高效地拍摄。

　　❶在飞行界面中，点击右侧的"调整"按钮 ⚙，进入相机调整界面。点击右上方的"设置按钮" ⚙，进入相机设置页面，如图4.43所示。

图 4.43　进入相机设置界面

　　❷分别开启"拍照时锁定云台""启用连续自动对焦""飞行时同步高清照片"这3项功能，如图4.44所示。

图 4.44　开启 3 项相机功能

❸从下向上滑动屏幕，点击"显示网格"按钮，进入"显示网格"界面，点击"网格线与对角线"按钮，即可开启网格线功能。网格又称九宫格，可以帮助用户划分构图区域。此时左侧的预览窗口中显示了白色的网格线与对角线，如图4.45所示。

图 4.45　开启辅助线帮助构图

❹点击"后退"按钮 ，返回相机设置界面。点击"中心点"按钮，进入"中心点"界面，在其中可以设置取景框中的中心点样式，如图4.46所示。

图 4.46　设置取景框中的中心点样式

❺点击"后退"按钮 ，返回相机设置界面。点击"存储位置"按钮，进入"存储位置"界面，在其中可以设置照片的存储位置，如图4.47所示。

图 4.47　设置照片的存储位置

08 设置 视频参数

　　用户使用无人机拍摄视频之前，也需要对视频的相关拍摄参数进行设置，以使拍摄的视频文件更加符合用户需求。如果视频参数设置不当，清晰度可能满足不了使用需求，导致废片。下面介绍无人机视频拍摄中比较重要的几个参数的设置方法。

　　❶在飞行界面中，切换至"录像"模式📷。点击右侧的"调整"按钮✂，进入相机调整界面。点击上方的"视频"按钮🎬，进入视频设置界面。点击"视频尺寸"按钮，如图4.48所示。

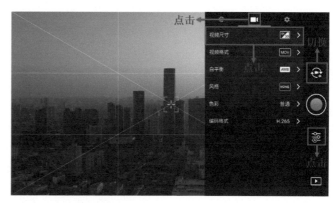

图 4.48　点击"视频尺寸"按钮

　　❷进入"视频尺寸"界面，在其中用户可以选择视频的录制尺寸。一般情况下，如果用户是专业视频人士，笔者强烈建议选择4K格式，因为4K格式的视频画质好分辨率高；如果用户为普通的航拍爱好者，笔者建议大家选择1080P，即1 920×1 080格式，作为日常手机分享足矣，而且视频文件所占存储空间小。在视频尺寸下还可以选择视频的帧数，如图4.49所示。

图 4.49　选择视频的录制尺寸

❸ 点击"后退"按钮 ◀，返回视频设置界面。点击"视频格式"按钮，进入"视频格式"界面，在其中有2种视频格式可供用户选择，一种是MOV格式，另一种是MP4格式，如图4.50所示。

图 4.50　选择视频格式

❹ 点击"后退"按钮 ⚙，返回视频设置界面。点击右上方的"设置"按钮 ◀，进入相机设置界面，向下滑动屏幕，在界面最下方可以设置延时摄影的相关信息，以及是否需要重置相机参数，如图4.51所示。

图 4.51　设置延时摄影的相关信息

09 使用自带编辑器创作视频

　　DJI GO 4 App中自带"编辑器"功能，让用户可以随时随地地剪辑视频，分享至社交媒体，是一个非常有效的视频处理软件。用户可以通过"编辑器"来调整视频的亮度、饱和度，增加转场效果，剪辑视频，附上自己喜欢的背景音乐和字幕效果。本节笔者将介绍一套完整的视频处理流程，方便大家更高效地处理视频。

在DJI GO 4 App主界面中，点击下方的"编辑器"按钮，进入"编辑器"中的"图库"界面，在其中用户可以看到已经拍摄的照片和视频，预览起来非常方便，如图4.52、图4.53所示。

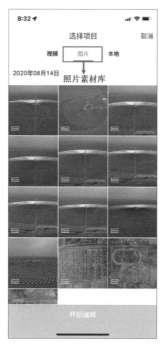

图 4.52　查看拍摄的图片

图 4.53　查看拍摄的视频

下面将介绍一套完整的视频处理流程。

❶在"编辑器"中，点击"创作"按钮，进入"创作"页面。点击"影片-自由编辑"按钮，如图4.54所示。

❷进入"图库"页面，选择几段需要剪辑的视频，点击"开始编辑"按钮，如图4.55所示。

图 4.54　点击"影片－自由编辑"按钮

图 4.55　点击"开始编辑"按钮

❸进入视频编辑界面，其中
显示了刚才选中的几段视频，如
图4.56所示。

❹手动拖曳视频两端的控制
柄，对视频进行裁剪，截取出一
小段视频，如图4.57所示。

图 4.56　显示选取的视频

图 4.57　截取一小段视频

❺点击第1段视频，进入单
独编辑界面，在下方向右滑动
滑块，用来调整视频播放的倍
速，相当于快进视频，如图4.58
所示。

❻点击下方的"亮度"按
钮，进入亮度调整界面，滑动下
方滑块可以调整视频亮度，如
图4.59所示。

图 4.58　调整视频播放速度

图 4.59　调整视频亮度

❼点击下方"饱和度"按钮，进入饱和度调整界面，滑动下方滑块可以调整视频饱和度。调整完成后，点击界面下方的"✓"，如图4.60所示，完成对第1短段视频的处理。

❽用相同的步骤对剩下几条视频进行编辑，如图4.61所示。

❾点击界面下方的"音乐"按钮🎵，进入音乐编辑界面，在其中挑选一段背景音乐，有多种音乐类型可供选择，如图4.62所示。

❿点击界面下方的"滤镜"按钮🪄，进入滤镜编辑界面，在下方选择一种你喜欢的滤镜风格，如图4.63所示。

⓫点击界面下方的"文字"按钮🅣，进入文字编辑页面，点击选择一种你喜欢的字体样式，这时上方预览窗口中出现了"点击编辑"字样，如图4.64所示。

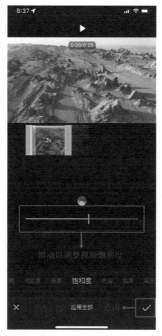

图 4.60　调整视频饱和度

图 4.61　设置第 2 段视频

图 4.62　选择合适的背景音乐

图 4.63　套用一个滤镜效果

图 4.64　添加字幕

⓬在"点击编辑"文本框中输入你想输入的内容,可以是标题也可以是其他内容,如图4.65所示。

⓭拖曳文本框右下角可以调整文字的大小,点击选择下方的色块可以为文字改变颜色,点击"移动"按钮,设置文本动画样式。字幕添加完毕后,点击右上角的"完成"按钮,如图4.66所示。

图 4.65　输入文字

图 4.66　设置文本样式

⓮完成视频的编辑后,可以输出视频文件,百分比显示了渲染进度,如图4.67所示。

⓯等待视频输出完成后,进入视频分享界面,在其中输入视频的介绍文字,点击右上角的"分享"按钮即可分享到各大社交平台,比如微信朋友圈、微博、QQ等,如图4.68所示。

图 4.67　等待视频渲染完成

图 4.68　分享至社交媒体

10 查看飞行记录及隐私设置

在DJI GO 4 App中，用户可以查看自己的飞行记录，比如飞行时长、飞行地点等，用户还可以进行相关的隐私设置。下面介绍查看飞行记录和设置隐私信息的方法。

❶在DJI GO 4 App主界面中，点击下方的"我"按钮，进入个人信息界面。点击"飞行记录"按钮。进入飞行信息界面，即可查看自己的飞行记录，如图4.69所示。

❷界面下方有个"记录列表"，拉开可以显示详细的飞行数据，包括日期、距离、时长、最大高度以及飞行地点，如图4.70和图4.71所示。

❸后退至个人信息界面，点击右上角的"设置"按钮⚙，进入"设置"页面，点击"隐私"按钮，如图4.72所示。

图 4.69 点击"飞行记录"按钮

图 4.70 查看飞行记录

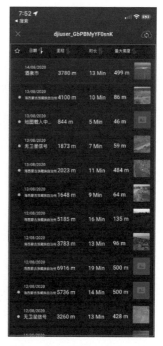

图 4.71 所有飞行记录

❹进入隐私设置界面，在其中可对DJI GO 4 App进行隐私设置，如图4.72、图4.73和图4.74所示。

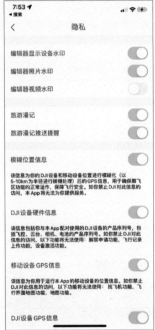

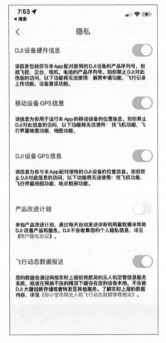

图 4.72 点击"隐私"按钮   图 4.73 对 DJI GO 4 App 进行隐私设置   图 4.74 对 DJI GO 4 App 进行隐私设置

第 5 章

做好起飞与拍摄检查

无人机起飞之前，要做好并不算多但却非常重要的检查和准备工作，包括现场的风力与能见度环境、无人机自身的起飞状态、电池电量等。

01 提前查看拍摄时的天气与环境

使用无人机航拍前应该提前了解下拍摄当天的天气以及飞行环境等信息，这样可以更加高效地拍摄。首先笔者建议用户在拍摄前两天查看当地的天气预报，看看当地是否有剧烈的天气变化，比如大风、雷雨天气，这种天气是非常不适合飞行的，建议取消计划以规避风险。其次，笔者建议用户使用DJI GO 4 App查看当地是否是禁飞区，用卫星地图查看当地的地形信息，这样做不但可以规避掉一些类似于电线、树木等炸机风险，还可以以上帝视角观测拍摄地，可能还会发现新的构图视角。

如果用户打算在夜晚飞行无人机，笔者建议在白天的时候踩踩点。无人机在晚上的时候，视觉避障功能会失效，一些障碍物类似于高楼、电线等在夜晚的可视度很差，这样就会大大提高炸机风险，笔者提醒用户千万要小心计划，以保证万无一失。

02 提前检查电池 电量是否充足

在飞行之前一定要检查无人机电池是否全部充满电。一块无人机电池只能支持飞行30分钟左右（"御" Mavic 3无人机电池能支持飞行46分钟），如果到达了拍摄地后发现电池电量不足，还要寻找充电的地方，是十分耽误拍摄的，这样错过了最佳拍摄时机一定会后悔不已。笔者强烈建议有车一族购买大疆官方的车载充电器，如图5.1所示。这样可以在驱车前往拍摄地的途中进行充电，充分利用了碎片化时间，也大大增加了拍摄效率。

图 5.1 车载充电器

03 检查SD卡是否有 足够的存储空间

　　这是一个老生常谈的问题，甚至是很多职业摄影师也会疏忽的问题。在拍摄时发现忘记带SD卡或者SD卡没有足够的存储空间是一件很悲伤的事情，因为美景可能就在转眼间消失，而你却因为SD卡没有存储空间而错失拍摄良机。笔者在这里建议大家在拍摄之前一定要检查SD卡的容量并将SD卡正确插入机身内，这样才可以将拍摄到的美景存下来。

　　还有一点就是建议大家再多购买一张SD卡，在一个地方拍摄完后进行数据备份，防止意外而造成的数据损坏，这也算是一份保险手段，如图5.2所示。

图 5.2 多种格式的 SD 卡

04 提前确定好拍摄的素材清单

　　"提前确定好要拍摄的素材清单"相当于做好拍摄计划，因为只有自己清楚要拍摄什么时才能有条不紊地行动，这是成为一位优秀的航拍摄影师所必须具备的能力。用户需要计划拍摄的对象、拍摄的时间，拍摄视频还是图片等内容。比如拍摄日出日落时的景象，如图5.3所示。笔者建议用户提前进行勘查踩点工作，把当地的环境摸清楚，确定好构图方式，是利用全景接片展现宏大的场景还是上帝视角展现独特构图。另外，还需要查看天气预报、云图、早晚霞概率等信息，提前两到三个小时到达拍摄点并做好充足的准备。

图 5.3　航拍城市日出

05 检查图传是否连接成功

开启无人机之后，还有最后一步要检查，那就是图传。用户需要检查图传中各项参数指标是否正常，图传是否清晰，信号是否稳定，是否需要GPS校准，等等。当App左上角显示"起飞准备完毕"后，如图5.4所示，就表示可以起飞了。

图 5.4 显示"起飞准备完毕"的信息

第 6 章
无人机飞行练习与实战

本章将介绍无人机首飞的全流程操作，并通过介绍非常具体的知识点，帮助用户掌握无人机飞行的全方位技巧。

01 达成安全 首飞的操作

正确安装遥控器的摇杆

在起飞之前，首先要准备好遥控器。下面笔者以"御"Mavic 3配备的新款遥控器RC-N1和"御"Mavic 3 Cine配备的带屏遥控器DJI RC Pro进行步骤讲解，如图6.1所示。

图 6.1　RC-N1 遥控器与 DJI RC Pro 遥控器

❶取出位于摇杆收纳槽的摇杆，安装至遥控器。

❷拉伸移动设备支架，并取出遥控器连接线手机端口（默认安装Lightning接口遥控器转接线，可根据移动设备接口类型更换相应的Micro USB接口、USB-C接口遥控器转接线）。

❸将移动设备放置于支架后，将遥控器连接线插入移动设备。确保移动设备嵌入凹槽内，放置稳固，操作如图6.2所示。

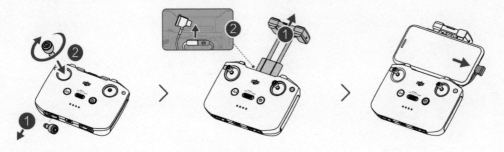

图 6.2　RC-N1 遥控器准备示意

❹使用标配充电器，连接DJI RC Pro遥控器USB-C接口充电以唤醒电池，如图6.3所示。

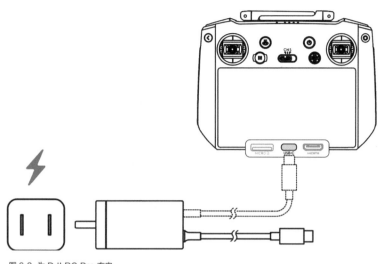

图6.3 为 DJI RC Pro 充电

❺取出位于摇杆收纳槽的摇杆，安装至遥控器，并展开天线，如图6.4所示。

❻全新的遥控器需要激活才能使用。短按一次，再长按电源按键开启遥控器，根据屏幕提示激活遥控器。

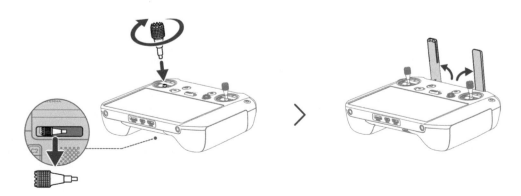

图6.4 DJI RC Pro 遥控器准备示意

准备好飞行器

下面笔者以"御"Mavic 3为例讲解如何准备好飞行器。

❶打开卡扣并移除收纳保护罩，如图6.5、图6.6所示。

图6.5　向上打开卡扣

图6.6　向前移除保护罩

❷首次使用需给智能飞行电池充电以唤醒电池。使用标配充电器，连接飞行器 USB-C 接口充电。开始充电即可唤醒电池，完全充满约需1小时36分，如图6.7所示。

图6.7　给智能飞行电池充电

❸展开飞行器。首先展开前机臂，然后展开后机臂，如图6.8~图6.10所示。

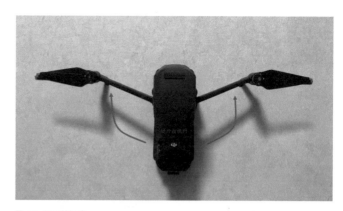

图 6.8　展开前机臂

图 6.9　展开后机臂

图 6.10　展开准备完成

学会自动起降的操作

使用无人机"自动起飞"功能可以很方便地一键起飞无人机，对于新手来说是很友好的设计。下面笔者以DJI GO 4 App为例讲解无人机自动起飞的操作步骤。

❶将无人机放在平坦地面上，依次开启遥控器、DJI GO 4 App与无人机的电源，当图传左上角显示"起飞准备完毕（GPS）"的信息后，点击左侧的"自动起飞"按钮 ，如图6.11所示。

图6.11　点击"自动起飞"按钮

❷执行上述步骤后，弹出黄色提示框，根据提示向右滑动起飞，如图6.12所示。

❸此时飞行器开始自动起飞，当飞行器飞至1.2米高度时会悬停等待指令。这时需要用户向上轻推左摇杆（以美国手为例），继续控制无人机上升。当状态栏中显示"飞行中（GPS）"的提示信息时，说明飞行状态安全，如图6.13所示。

图6.12　向右滑动起飞

图6.13　飞行状态正常

使用无人机 "自动降落" 功能可以更加便捷地降落无人机，十分适合新手操作。但要注意的是，一旦开启自动降落功能，请确认飞行器下方无遮挡无障碍物，因为使用自动降落功能后，无人机的避障功能会关闭，无法识别障碍物。下面笔者以DJI GO 4 App为例讲解无人机自动降落的操作步骤。

❶当用户需要降落无人机时，点击屏幕左侧的"自动降落"按钮，即可自动降落，如图6.14所示。

图 6.14 点击"自动降落"按钮

❷执行上述步骤后，弹出提示框询问用户是否要自动降落，点击"确认"按钮。

❸此时，无人机将自动降落。图传中会在左上角显示提示"飞行器正在降落，视觉避障关闭"的字样，用户需要保证飞行器下方没有人也没有障碍物。当无人机降落在平坦地面上，即自动降落完成，如图6.15所示。

图 6.15 无人机自动降落

学会手动起降的操作

接下来学习手动起飞与降落无人机的操作。准备好无人机与遥控器后，打开DJI GO 4 App，进入飞行界面。按照指示校正指南针后，屏幕左上角会出现"起飞准备完毕（GPS）"的字样，如图6.16所示。此时飞行器已准备好起飞。

图 6.16 显示"起飞准备完毕（GPS）"的字样

当准备完毕后，用户就可以通过执行扳杆动作启动电机。将两个摇杆同时向内侧扳动，如图6.17所示，即可启动电机，此时螺旋桨开始旋转。电机起转后，请马上松开摇杆，将左摇杆缓慢向上推动，如图6.18所示，无人机即可成功起飞。

图 6.17 将两个摇杆同时向内侧扳动

图 6.18 将左摇杆缓慢向上推动

当飞行结束后，要降低无人机高度时，可以将左摇杆缓慢向下推，无人机即可缓慢降落。当无人机降落至地面后，用户有两种方法使电机停转。方法一：飞行器着地之后，将油门杆推到最低的位置并保持，3秒后电机停止。方法二：飞行器着地之后，先将油门杆推到最低位置①，然后执行扳杆动作②，电机将立即停止。停止后松开摇杆，如图6.19所示，无人机即可完成降落过程。

图 6.19 使电机停转的两种方法

紧急制动与一键返航

在飞行的过程中，如果遇到了意外情况（比如前方有障碍物），就需要紧急刹车来避险。这时用户只需要按下遥控器上的"急停"按钮 ⏺，如图6.20所示。按下按钮后，无人机会立刻刹车并悬停不动，等飞行环境安全后方可继续操作。

图 6.20　按下"急停"按钮

按下"急停"按钮后，飞行界面左上角会显示"已紧急刹车，请将摇杆回中后再打杆飞行"，如图6.21所示。用户需要注意这点，以免飞行方向发生偏差导致侧翻炸机。

图 6.21　急停提示

要结束无人机的拍摄时，可以使用"自动返航"功能来让无人机自动返航，在某些特殊情况下（比如图传信号不稳定或中断）时，利用此功能可以让无人机安全返回。需要注意的是，用户需要先更新返航点再使用"自动返航"功能，以防止无人机飞往其他地方。

在飞行界面中，点击左侧的"自动返航"按钮 ⏏，执行操作后，屏幕中会弹出"滑动返航"的提示，此时向右滑动就可开启自动返航模式，如图6.22所示。自动返航开启后，屏幕上会提醒用户正在自动返航，稍后无人机便可完成自动返航任务。

图 6.22　"滑动返航"提示

02 训练无人机基础飞行动作

上升、悬停与下降

　　上升、悬停与下降是学习无人机操作的第一步，只有掌握了这3个最基础的飞行动作，才能进一步提高飞行技术。笔者建议用户通过简单的基础训练熟悉操作手感。

　　升起无人机后，轻轻推动左侧摇杆，无人机将进行上升动作。当无人机上升到一定高度时就能松开摇杆，使其自动回正稳定。这时无人机的飞行高度、角度都不会发生变化，处于悬停状态，如图6.23所示。此时如果有美景出现，可以按下遥控器上的拍照按钮，记录下这一时刻。

图 6.23　无人机上升

　　在无人机上升过程中，新手一定要切记不要让无人机离开自己的视线范围，且最大飞行高度不超过125米。当无人机飞至高空时，开始训练下降无人机。将左侧的摇杆缓慢向下推，无人机开始下降动作，如图6.24所示。下降时要保证速度稳定，否则可能出现重心不稳、偏移等问题。

图 6.24　无人机下降

左移右移

　　左移右移是无人机飞行最简单的手法之一。将无人机上升到一定高度之后，调整好镜头视角，向左或向右轻推右侧摇杆，即可完成左移或右移的操作，如图6.25所示。在此过程中，用户可以按下视频录制按钮，此时拍摄出来的运镜叫作侧飞镜头，在后面运镜的章节中会详细介绍。

图 6.25　左移右移

直线飞行

　　直线飞行也是无人机飞行操作中最为基础的一种。将无人机上升到一定高度之后，调整好镜头的视角，然后向上轻推右侧摇杆，即可完成无人机的向前飞行操作。

　　如果用户想拍摄慢慢后退的镜头，可以让无人机缓慢地向后退行。此时会有连续不断的全景展现在观众眼前。后退的操作很简单，用户只需要向下轻推右摇杆，无人机即可完成后退飞行的动作，如图6.26所示。

图 6.26　前进与倒退

环绕飞行

环绕飞行就是无人机沿一个指定热点环绕飞行，高度、速度、半径在环绕时不变。此过程可以最大限度地展现主体，形成360°的观景效果，十分震撼，如图6.27所示。

下面介绍无人机手动环绕飞行的操作手法。首先要将无人机升至一定的高度，相机镜头朝向被绕主体，平视拍摄对象。然后右手向左轻推右摇杆，无人机将向左侧侧飞，同时左手向右轻推左摇杆，使无人机向右旋转，即两手同时向内侧打杆，此时无人机将围绕目标做顺时针环绕动作。如果想让无人机做逆时针环绕的话，两手同时向外侧轻轻打杆即可。

图 6.27 环绕飞行

旋转飞行

旋转飞行也称作原地转圈或360°旋转，指的是无人机飞到高空后，可以进行360°的自转，此时利用俯拍镜头可以拍摄旋转的"上帝视角"视频。旋转无人机的手法其实很简单，如果用户想要无人机逆时针自转的话，只需要向左轻推左摇杆；如果想要顺时针自转的话，只需要向右轻推左摇杆，如图6.28所示。

图 6.28 自身旋转

穿越飞行

穿越飞行的难度是非常高的，笔者建议新手不要轻易尝试，只有对自己的技术有充足的把握时才可以学习。许多无人机高手也都在穿越飞行过程中不幸炸机，这是很常见的，因为在穿越过程中视线会受到一定程度的影响，且飞行速度很快，来不及反应就会撞墙，但是拍出来会有非常惊喜的效果。例如穿越一个洞穴的过程，当冲出洞口就会有一种豁然开朗的感觉，会有让观众眼前一亮的效果。

图6.29所示为无人机穿越一个洞穴的路线图，当无人机穿越洞口后再向上飞行就会展现出完整的海岸线景象，视觉冲击力会很强，但是撞到墙壁的概率也很大。所以穿越飞行是一种高风险高回报的手法。

图 6.29 穿越洞穴

螺旋上升飞行

螺旋上升是前面讲的原地转圈的升级版，也就是在原地转圈的基础上加上上升的动作，二者结合起来就是螺旋上升动作。这样拍摄的话，目标主体会越来越小，更好地交代了拍摄背景与环境，画面空间感很强。具体操作手法为：云台朝下，左手向上轻推左摇杆的同时右手缓慢向左或向右推动右摇杆，组合打杆。此时无人机将执行螺旋上升的操作，如图6.30所示。

图 6.30 螺旋上升

画8字飞行

　　画8字飞行是前面讲过的手动环绕飞行的加强版本，也是飞行手法中难度比较高的一种。笔者建议用户在前面的基础飞行动作操作练熟之后再来尝试，因为画8字需要用户对于摇杆的使用很熟练，需要左右手的完美配合才能达成。左摇杆需要控制无人机的航向，右摇杆需要控制无人机的飞行方向。

　　首先需要顺时针画一个圆圈，具体手法为：右手向左轻推右摇杆，无人机将向左侧侧飞，同时左手向右轻推左摇杆，使无人机向右旋转，两手此时同时向内侧打杆，此时无人机将顺时针做画圈运动。顺时针画圈完成后，马上转换方向，通过向左或向右控制左摇杆，以逆时针的方向飞另一个圆圈，即可完成一个完美的8字轨迹，如图6.31所示。此飞行动作需要用户反复练习多次才能做好，能做好此动作也侧面说明了用户对于摇杆的使用已是如鱼得水，可以顺畅地飞行无人机了。

图 6.31　画 8 字飞行轨迹

03 掌握无人机 智能飞行模式

在上一节中，我们学习了无人机的基础飞行动作，为接下来拍摄部分的学习打下了坚实基础。本节笔者将介绍如何利用App自带的多种智能飞行模式来更高效地拍摄。

一键短片模式

"一键短片"模式中包含了多种不同的创意拍摄方式，分别为渐远、环绕、螺旋、冲天、彗星、小行星及滑动变焦等，选择这些模式后，无人机会持续拍摄特定时长的视频，然后自动生成一个10秒以内的短视频。在使用一键短片功能时，必须确保无人机后方空旷无障碍物，否则一键短片就会变成"一键炸机"，如果遇到紧急情况，可以随时终止拍摄。下面介绍使用"一键短片"模式的操作方法。

❶在DJI GO 4 App的飞行界面中，点击左侧的"智能飞行模式"按钮，然后在弹出的界面中点击"一键短片"按钮，如图6.32所示。

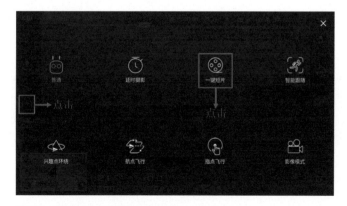

图 6.32 点击"一键短片"按钮

❷进入"一键短片"飞行模式，在下方有多种飞行模式可供选择，如图6.33所示。下面对"一键短片"中的6种模式进行简要介绍。

渐远：选择该模式后，框选目标对象，无人机将面朝目标，一边后退一边上升拍摄。

环绕：选择该模式后，无人机将围绕目标对象进行360°绕圈飞行拍摄。

螺旋：选择该模式后，无人机将围绕目标对象螺旋上升拍摄。

冲天：选择该模式后，框选目标对象，无人机将垂直90°俯视目标对象，然后上升拍摄。

彗星：选择该模式后，无人机将以椭圆轨迹飞行，绕到目标对象后面并飞回起点拍摄。

小行星：选择该模式后，无人机将完成一个从全景到局部的漫游小视频。

图6.33 选择一种飞行模式

冲天飞行模式

下面笔者将以"一键短片"中的"冲天"模式为例，讲解使用步骤。

❶进入"一键短片"飞行模式，在下方点击"冲天"按钮。此时屏幕中弹出提示框，提示用户"冲天"拍摄模式的飞行效果，点击"好的"按钮，如图6.34所示。

❷此时界面中提示"点击或框选目标"的信息，在飞行界面中用手指拖曳出一个方框，标记目标对象，如图6.35所示。

图6.34 "冲天"模式

图6.35 绘制选框

❸绘制完成后，点击GO按钮，即可开始倒计时录制短片，如图6.36所示。拍摄完成后，无人机将返回拍摄起始位置，点击"回放"按钮，可以查看录制的 一键短片成片。

图 6.36 点击"GO"按钮开始录制

智能跟随模式

　　智能跟随是基于图像的智能跟随，对人、车、船等有识别功能，无人机飞行跟随不同类型物体时将采用不同跟随策略。进入智能跟随功能后，框选点击目标，无人机将通过云台相机跟踪目标，与目标保持一定距离并跟随飞行。大疆御2的智能跟随有如下特点：（1）精准识别；（2）轨迹预测；（3）高速跟随；（4）智能绕行。使用智能跟随功能时，要与跟随对象保持安全距离，以防止无人机失控造成人身伤害。下面介绍使用智能跟随模式的操作方法。

　　❶在DJI GO 4 App的飞行界面中，点击左侧的"智能飞行模式"按钮，然后在弹出的界面中点击"智能跟随"按钮，如图6.37所示。

图 6.37 点击"智能跟随"按钮

❷在屏幕中通过点击或框选的方式设定跟随目标对象，如图6.38所示。

图 6.38 点击或框选目标对象

❸此时飞行界面中即可锁定目标对象，并显示绿色的锁定框。当拍摄对象向前走时，无人机将跟随人物智能飞行，在跟随的过程中，用户按下视频录制键，即可开始录制短视频。点击左侧的"取消"按钮 ✕，即可退出智能跟随模式，如图6.39所示。

图 6.39 无人机将跟随对象智能飞行

指点飞行模式

指点飞行包含3种飞行模式，分别为正向指点、反向指点和自由朝向指点，用户可根据需求来选择。下面介绍使用指点飞行模式的操作方法。

❶在DJI GO 4 App的飞行界面中，点击左侧的"智能飞行模式"按钮，然后在弹出的界面中点击"指点飞行"按钮，如图6.40所示。此时屏幕中弹出提示框，提示用户"指点飞行"拍摄模式的效果，点击"好的"按钮，如图6.41所示。

图 6.40 点击"指点飞行"按钮

图 6.41 "指点飞行"模式介绍

❷选择相应的"指点飞行"模式后，点击屏幕中的"GO"按钮，即可进行指点飞行，如图6.42所示。

图 6.42 点击"GO"按钮

兴趣点环绕模式

兴趣点环绕模式在飞行圈里被戏称为"刷锅"，因飞行过程酷似刷锅的动作而得名。此模式指的是无人机围绕用户设置的兴趣点进行360°的旋转拍摄。下面介绍使用兴趣点环绕模式的操作方法。

❶在DJI GO 4 App的飞行界面中，点击左侧的"智能飞行模式"按钮，然后在弹出的界面中点击"兴趣点环绕"按钮，如图6.43所示。

图 6.43 点击"兴趣点环绕"按钮

❷进入"兴趣点环绕"模式，如图6.44所示。

图6.44　"兴趣点环绕"界面

❸在飞行界面中，用手指拖曳出一个方框，设定为兴趣点对象，如图6.45所示。点击"GO"按钮，无人机将开始对目标位置进行测算。

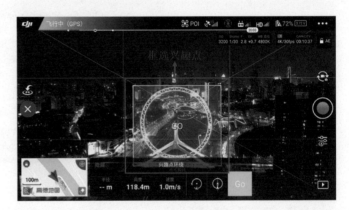

图6.45　设定兴趣点对象

❹如果测算成功，无人机则开始环绕兴趣点飞行，如图6.46所示。飞行过程中用户可以控制云台俯仰角度来构图，还可以调节环绕飞行半径、高度和速度等参数。

图6.46　无人机环绕兴趣点飞行

影像模式

使用"影像模式"航拍视频时，无人机将缓慢减速飞行直至停止，延长了无人机的刹车距离，也限制了无人机的飞行速度，使用户可以拍出更加稳定、流畅的画面，十分推荐新手使用。下面介绍"影像模式"的操作方法。

❶在DJI GO 4 App的飞行界面中，点击左侧的"智能飞行模式"按钮，然后在弹出的界面中点击"影像模式"按钮，如图6.47所示。此时屏幕中弹出提示框，提示用户"影像模式"拍摄的效果，点击"确认"按钮，如图6.48所示。

图 6.47 点击"影像模式"按钮

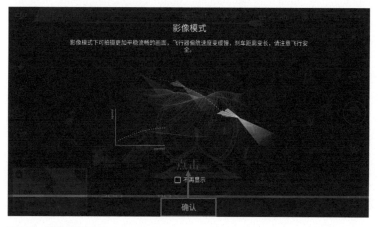

图 6.48 "影像模式"介绍

❷进入影像模式后，无人机将进行缓慢的飞行，用户可以通过拨动摇杆来控制无人机的飞行方向，如图6.49所示。

图 6.49 "影像模式"界面

❸如果用户想要退出影像模式，只需点击屏幕右侧的"取消"按钮 ，之后会弹出提示框，询问用户是否退出该模式，点击"确定"按钮，如图6.50所示，即可退出。

图 6.50 询问用户是否退出该模式

第 7 章
无人机摄影构图与实战

本章将介绍无人机航拍的常用构图技巧，以及面对不同题材的构图实战技巧，最后将介绍夜景环境的视频拍摄技巧。

01 构图取景技巧

"构图"就是拍摄者为了表现摄影作品的主题和艺术效果，通过调整拍摄角度、相机横竖方位、拍照姿势等因素，安排和处理所拍摄画面中各元素的关系和位置，使画面中的元素组成结构合理的整体，并表达出画面的艺术气息。

相同的拍摄对象，由于拍摄者有不同的摄影角度、创作手法，因此会采用不同的构图方法，那么拍出来的作品也就会有不同的视觉效果。这个过程需要摄影师结合技术手段与自己的审美来实现，具体说是要把场景中的主要对象，如人物、动物、事件冲突等提炼出来重点表现；而将另外一些起干扰作用的线条、图案、形状等进行弱化，最终获得一种重点突出、主题鲜明的画面布局和显示效果。本节笔者将讲解多种构图手法，让无人机用户能够轻松出大片。

主体构图

主体是构图当中最重要的部分，也是一张摄影作品的灵魂。

摄影创作时，我们要通过各种手段来突出和强化主体，提升主体的表现力。这样，摄影作品才会显得有秩序感，有明显的中心，否则画面就会显得散乱，不够紧凑。在摄影创作当中，对于主体的强化和突出有多种手段，如放大主体的比例，改变主体的位置，将其安置在更醒目的区域，我们还可以通过寻找简洁、干净的背景来让主体得到突出和强化。下面我们通过几个具体的案例来介绍主体构图的技巧。

❶直接突出主体的构图手法。

如图7.1所示，主体是中间的风蚀山体结构，画面的构图并没有特别巧妙之处，但对于主体的强化，我们可以看到是采取了一种突出放大的方式来呈现，尽量靠近，将主体拍得比较大，占据更多的画面比例，那么主体自然是比较突出的。

这张照片拍摄于冰沟丹霞景区，位于甘肃省张掖市肃南县，广泛分布崖壁、石墙、石柱、尖峰等奇特地貌形态，是"窗棂状宫殿式丹霞地貌"命名地。山顶的独特地貌如同千年前裕固族的王宫，在朝阳下熠熠生辉，十分漂亮。

图 7.1 直接突出主体的构图手法

❷通过陪体衬托主体的构图手法。

陪体是相对于主体而言的，也称为宾体。从字面意思来看，它主要起到一个陪衬的作用，用于陪衬主体。除陪衬主体外，陪体还可以与主体产生一种内在的联系，通过这种联系和照应，让画面显得更具趣味性和故事性，那么画面就会更加耐看。对于绝大多数题材来说，在动物、植物之间进行选择，一般动物是作为主体出现的；而有人物的场景，一般来说人物是作为主体出现的，其他景物都是陪衬。

拍摄者应该注意这样一个常识，陪体的表现力不能强于主体，不能削弱主体的表现力，所谓红花需要绿叶来配就是这个道理，红花是主体，绿叶是陪体，绿叶对主体起到一个照应和衬托的作用。

图7.2所示照片拍摄于北京箭扣长城，很明显蜿蜒的长城是最精彩的部分，而长城上覆盖的云雾则是陪体，这种陪体丰富了画面的内容层次，又与远处的城楼形成了呼应，同时增添了神秘感与雄伟气势，使整体画面非常和谐，这种陪体的选择就是非常理想的。

图 7.2　通过陪体衬托主体的构图手法

前景构图

前景是指主体之前的部分，它并不是特指某一种景物，它可以是任何的景物或元素，前景对于画面的主体和陪体等有着很好的修饰和强化作用，并可以丰富照片的内容与层次。

❶利用引导线构图。

在很多场景中，都可以运用到引导线，利用场景线条引导观者的视线，将画面的主体和背景元素串联起来，从而引导视线并产生照片的视觉焦点。运用这种构图法，即使是一张平面的照片，也会立马变得立体起来。

在前期取景时拍入一些天然的线条，比如一条小路、一条小河、一座桥等，或者是后期处理时人为强化一些线条，通过这些线条引导观众的视线指向照片中的主体。这些线条就是引导线。

图7.3所示照片拍摄于巴音布鲁克景区之外，路边航飞拍摄。巴音布鲁克不只有九曲十八弯，还有更多可能等待我们去发现。这张照片中河流就是主体的一部分，同时充当视觉引导的功能，让观者的视线汇聚在远处的夕阳。这种前景的作用非常明显，它可以引导观者的视线延伸到画面深处，让画面显得更深远。

图 7.3 引导线构图手法

❷营造画面深度的前景构图手法。

图7.4所示照片拍摄于新疆巴音布鲁克九曲十八弯。九曲十八弯是新疆巴音布鲁克的经典肖像，2020年国庆节期间，偶然在景区之外发现这样一个所在，积雪不多、色彩也不够亮丽的雪山面前，蜿蜒的河道流淌成了一幅中国地图，十分应景。这张照片当中，蜿蜒的河流作为前景出现，这种夸大了的前景会让画面当中前景与远景有一种距离感，这种距离感就让画面变得更有深度，更有立体感和空间感。从这个角度来看，前景的选择是很有学问的。

图 7.4 营造画面深度的前景构图手法

三分构图

古希腊学者毕达哥拉斯发现，将一条线段分成两份，其中，较短的线段与较长的线段之比为0.618∶1，而这个比例能够让这条线段看起来更加具有美感；并且，较长的线段与这两条线段的和的比值也为0.618∶1，这是很奇妙的。而切割线段的点，也可以称为黄金构图点。在摄影领域，将重要景物放在黄金构图点上，那么景物自身会显得比较醒目和突出，又比较协调自然。

在实际的拍摄中，我们不可能对每个场景都如此精确地寻找黄金构图点位置，大多数情况下可以采用一种更为简单、直接的方式来进行构图：用线段将照片画面的长边和高边分别进行三等分，那么线条的交点就会比较接近黄金构图点位置，将主体置于三等分线的交叉点上，会有很好的效果。我们可以将这种方式称为三分构图。

❶横向三分线构图手法。

如图7.5、图7.6所示，这是一张在沙地中航拍汽车的照片。如果把画面分割一下，可以看出来远处的沙丘和天空占了整个画面的三分之一，而前景和中景的沙地占了画面的三分之二，这样不仅让画面整体比例和谐，还体现了沙漠的荒凉与广阔，非常符合人的审美规律，也符合最基本的美学观点。

图 7.5 沙丘和天空占了上三分之一

图 7.6 横向三分线构图手法

　　对于照片中大量的其他景物，也可以按照三分的方式进行构图和布局。比如说，我们将天际线放在三分线的位置，将天空与地面景物按照三分的方式安排，画面往往会有不错的视觉效果。因为所谓的三分，也是源自于黄金分割的延伸，分割出的画面效果也符合美学规律，让人看起来比较协调、自然。唯一需要注意的只有一点，即三分线是放在画面上1/3还是下1/3处。

　　图7.7所示照片是利用三分法拍摄的稻田，具有极佳的视觉效果。秋天的季节，水稻在风中窃窃私语，等待着丰收。

图 7.7　横向三分线构图手法拍摄的稻田

图 7.8　山体与寺庙分别占据左右三分之一　　　　　　　　　　图 7.9　纵向三分线构图手法

❷纵向三分线构图手法。

　　纵向三分线构图的构图手法是指将主体或陪体放在画面中左侧或右侧三分之一处的位置，从而突出主体。如图7.8、图7.9所示照片拍摄于川西，山下的寺庙与雄伟壮观的山峰形成呼应，两个视觉重心分别位于画面右侧三分之一处与左侧三分之一处，二者相辅相成，画面和谐，符合人眼审美。

对称构图

中国传统文化中，无论是建筑还是装饰图案，使用最多的艺术形式就是对称，对称所产生的均衡感也是摄影中获得良好构图的重要原则。在对称构图中，视觉形象的各个组成部分是对称安排的：所有各部分可以沿中轴线划分为完全相等的两部分。我们可以认为对称构图是一种匀称状态，这种构图使得由于不同视觉形象的对比而产生相互对抗的力处于视觉上的平衡。这种构图形式的基本特点是：静止、典雅、严峻、平衡、稳重，是拍摄人物、建筑、图案等最为常用的手法。

图7.10所示这张照片拍摄于五印坛城，建筑本身就是完全对称结构，在无人机垂直90°俯拍的视角下，古建筑之美被展现得淋漓尽致。中国传统建筑、园林设计当中，这种对称设计的结构是最为常见的，搭配垂直俯视视角拍摄，让画面整体显得非常自然、均衡。

图 7.10　对称构图手法（一）

　　图7.11所示照片为无人机视角下的北京大兴国际机场，由于建筑本身采取了左右对称设计，因此采用对称式构图更能展现现代建筑之美。

图 7.11 对称构图手法（二）

对角线构图

　　对角线的构图方式，也是一种经典的构图方式。它通过明确的连接画面对角的线形关系，打破画面的平衡感，从而为画面提供活泼和运动的感觉，为画面带来强烈的视觉冲击力。在体育运动、新闻纪实等题材中比较常用，而在风景和建筑摄影中，它经常表现一些风景局部，如建筑物的边缘、山峦的一侧斜坡或河流的一段等。

　　图7.12所示是在吉林的一处森林上空航拍的照片。在照片中，一条对角线的公路分割了画面。画面整体处于一个斜对称状态，具有平衡美感，让观者看了很舒适。以对角线构图的方式来安排画面，能够为单调、平稳的主体带来一些活力和动感。

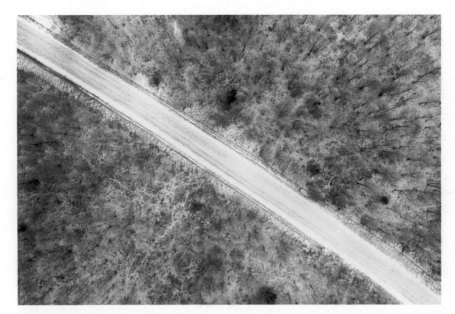

图 7.12 对角线构图手法（一）

　　图7.13所示是以对角线构图拍摄的稻田，画面简洁，色彩迷人，极具简约美感与线条美感。

图 7.13 对角线构图手法（二）

曲线构图

在摄影构图中，曲线是一种常见的构图方式。与直线相比，曲线可以表现出一种柔美的感觉，使得画面更有流动感。曲线是线条中最美的形式，风光摄影中常用曲线构图渲染优雅、富有生机的场景，不单单让观者的视线跟随它游走，以突出主体，同时曲线优美的形式还能带给画面灵动的感觉，使画面更加生动、美丽。在航拍构图手法中，比较常用的是S形曲线构图与C形曲线构图。

❶S形曲线构图手法。

S形曲线构图是指画面主体类似于英文字母中S形状的构图方式。S形构图强调的是线条的力量，这种构图方式可以给观者以优美、活力、延伸感和空间感等视觉体验。一般观者的视线会随着S形线条的延伸而移动，逐渐延展到画面边缘，并随着画面透视特性的变化，会使人产生一种空间广袤无垠的感觉。由此可见，S形构图多见于广角镜头（无人机航拍）的运用当中，此时拍摄视角较大，空间比较开阔，并且景物透视性能良好。风光类题材是S形构图使用最多的场景，海岸线、山中曲折小道等多用S形构图表现。

图7.14所示照片拍摄于新疆的巴音布鲁克景区，蜿蜒的河流以S形的姿态填充了整个画面，使画面看上去有韵律感。曲线具有延长、变化的特点，能很好地表现出拍摄对象运动中循序渐进的节奏和奔放的态势，使人看上去有优美、协调的感觉。

图 7.14　S 形曲线构图手法（一）

图7.15所示这张照片拍摄于冬季的某水库。在大自然鬼斧神工的操作下，冰的纹理构成了一道亮眼的S形分界线，与棱角分明的蓝冰形成鲜明的对比。

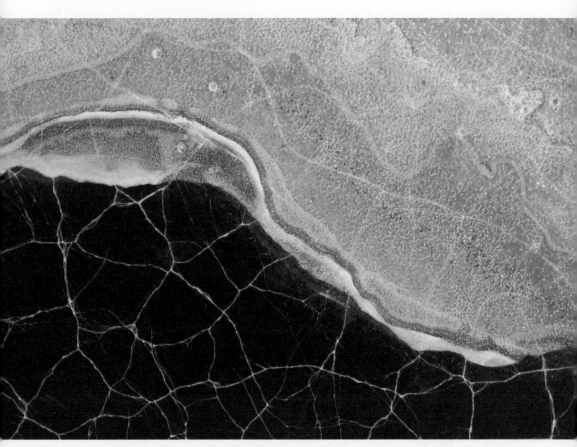

图 7.15　S 形曲线构图手法（二）

❷C形曲线构图手法。

C形曲线构图是指画面中主要的线条或景物，是沿着类似于英文字母C的形状进行分布。C形线条相对来说是比较简洁流畅的，有利于在构图时做减法，让照片干净好看。C形构图非常适合拍摄一些海岸线、湖泊时使用。

图7.16所示这张照片拍摄于上海黄浦江上空，画面展现了浦东与浦西繁华的城市风光。其中黄浦江就充当了C形曲线构图中的"C"，是一种非常柔美的构图，串联起了江面及两岸高低错落的建筑群。这种构图方式虽然常见，但却特别讨巧。

图 7.16　C 形曲线构图手法

框架构图

　　框架构图是指在取景时，将画面重点部位利用门框或其他框景框划出来。关键在于将观者的注意力引导到框景内的对象。这种构图方式的优点是可以使观者产生跨过门框即进入画面现场的视觉感受。

　　与明暗对比构图类似，使用框景构图时，要注意曝光程度的控制，因为很多时候边框的亮度往往要暗于框景内景物的亮度，并且明暗反差较大，这时就要注意框内景物的曝光过度与边框的曝光不足问题。通常的处理方式是着重表现框景内景物，使其曝光正常、自然，而框景会有一定程度的曝光不足，但保留少许细节起修饰和过渡作用。

　　图7.17所示这张夜景照片拍摄于天津之眼，笔者利用摩天轮作为框架包住后面的建筑群，这样就形成了经典的框式结构。同时也解锁了独特视角，相较于传统构图更有新意，能让观者眼前一亮。

图 7.17 框架构图手法（一）

图7.18所示这张照片拍摄于客家土楼，利用了土楼圆形屋顶结构充当框架。土楼内一位女子翩翩起舞，极具少数民族特色。

图 7.18 框架构图手法（二）

逆光构图

　　逆光是指光源位于拍摄对象的后方，照射方向正对相机镜头。逆光下的环境明暗反差与顺光完全相反，受光部位也就是亮部位于拍摄对象的后方，镜头无法拍摄到，镜头所拍摄的画面是拍摄对象背光的阴影部分，亮度较低。虽然镜头只能捕捉到拍摄对象的阴影部分，但主体之外的背景部分却因为光线的照射而成为了亮部。逆光构图拍摄时，不仅可以增强质感，渲染画面的整体氛围，而且还有很强的视觉冲击力。

　　图7.19所示为航拍的乌兰哈达火山，在逆光的条件下，整体画面呈现一种史诗感，火山也变得非常有质感。光线完美勾勒出了火山的轮廓并打亮了主体。

图 7.19　逆光构图手法

日出日落时分是无人机航拍的黄金时段，在这段时间里，拍摄者很容易拍出光线迷人、色彩漂亮的大片。当太阳接近地平线时，色温会变得越来越高，整体呈现一种暖调的橙色，十分梦幻。

图7.20所示这张照片拍摄于日出之时的挪威罗弗敦群岛。此时虽然是逆光拍摄，但空气中带有的雾气很好地平衡了光比，整体画面达到了一种完美状态。

图 7.20　逆光拍摄手法

横幅全景构图

所谓全景接片，就是将实际场景从左到右分解成若干段，每次只利用相机有限的画幅，拍摄其中的一段。完成全部拍摄后，在后期制作中，再将各个部分天衣无缝地拼接在一起扩放成照片。这样，就取得了超大画幅的细致画面。特别适用于大场景、超宽幅放大图片的需要。

使用无人机拍摄全景的方法有2种，一是利用无人机本身自带的全景拍照模式直接自动拍摄，这种方式适合新手，可以很方便地机内合成。二是利用无人机进行多角度拍摄单张，在后期利用Photoshop或PTGUI等软件合成，适用于大光比环境拍摄。在拍摄全景接片时，要快且稳，因为如果拍摄间隔过长的话，照片中的静物可能发生改变。下面介绍利用无人机自带的全景拍摄功能拍摄横幅全景照片。

首先打开DJI GO 4 App的拍照模式菜单，点击"全景"按钮，选择"180°"，如图7.21所示。

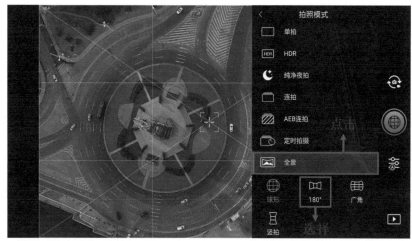

图 7.21　选择"180°"全景模式

选择相应的模式后，点击"拍摄"按钮，无人机将自动拍摄全景照片。拍摄完成后，无人机将自动拼接，合成为一张完整的全景图。图7.22所示为天津城市风光全景图，天空部分有些曝光过度，用户在拍摄大逆光场景时应该注意调整参数，尽量使用"向左曝光"手法，这样后期处理起来才能保留高光部分的细节。

图 7.22　横幅全景构图

此外我们还可以采用宽幅构图，这样拍出来的画面更加有视觉冲击力，像一幅长卷。图7.23所示为笔者在敦煌拍摄的日落时的两座熔盐光热电站，形似UFO降临，充满了科幻感。

图 7.23 横幅全景宽幅构图

竖幅全景构图

无人机的竖拍全景实际是3张照片的拼接效果，是以地平线为中心线进行拍摄的。使用竖向全景模式，可以拍出一种从上而下的延伸感，并将画面上下部分联系起来，起到深化主题的作用。下面介绍利用无人机自带的竖向全景拍摄功能拍摄竖幅全景图。

首先打开DJI GO 4 App的拍照模式菜单，点击"全景"按钮，选择"竖拍"，如图7.24所示。

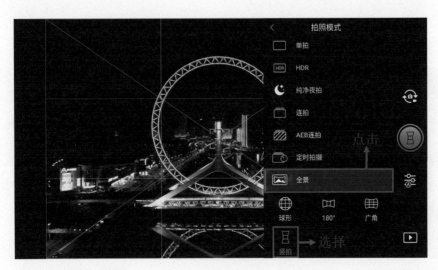

图 7.24 选择"竖拍"全景模式

选择相应的模式后，点击"拍摄"按钮，无人机将或自动拍摄全景照片。拍摄完成后，无人机将自动拼接，合成为一张完整的全景图。图7.25所示为天津之眼的竖幅全景构图，画面效果很好，主体也很突出。

图 7.25　竖幅全景构图（一）

图 7.26　竖幅全景构图（二）

使用竖向全景拍摄建筑，可以以一种超强的视觉冲击力来展现构图，使建筑物有一种夸张的畸变，这也不失为一种创新构图方式。图7.26所示这张照片就是用竖向全景模式拍摄的南京紫峰大厦夜景，整体很有视觉冲击力，而且构图比例和谐，看着很舒服。

02 一般自然与城市风光实拍

航拍日出日落照片

日出日落是一天中最值得拍摄的时刻，因为此时太阳高度很低，光线相对来说比较柔和。日出或日落时的光是最富表现力的，因为光比小，可以让照片画面呈现更多的细节，还有丰富的影调层次，并且色彩会呈现出丰富的色调。

日出或日落前后，太阳在地平线之下时，如果天空有云，但云又不会太厚，就会对太阳光线产生强烈的散射，从而形成强烈的霞光。暖调的霞光与任何地面景物搭配，都会有浓郁的暖调色彩，让画面气氛变得非常热烈，此时用无人机飞到高空中拍摄壮美的火烧云，可以以高度优势获得相对于相机更震撼的视角。

在拍摄日出日落时请注意，一定要算好时间，春夏秋冬每个季节太阳日出与日落的时间都不同，缺乏经验的新手很有可能错过最佳的时机。要提前半小时到达拍摄地点然后准备好构图，做好起飞前的准备，等待太阳到达合适高度后拍摄即可。

图7.27所示照片拍摄于贡嘎峰群。日落之时，太阳光线会把山顶染成金黄色，产生震撼的"日照金山"效果。日照金山时间往往很短，拍摄者需要提前起飞无人机等待此景出现，如果等出现之后再起飞的话很有可能会错过，到时候追悔莫及。

图 7.27 航拍日照金山

图7.28所示是在敦煌拍摄的日落时的熔盐光热电站。此时太阳高度比较低,虽然无人机的感光元件相对于全画幅相机来说很小,但柔和的光线也不会致使画面曝光过度,使整张照片呈现出一种暖阳的洋红色调。

图 7.28 航拍日落熔盐光热电站

航拍高空云海照片

云海是自然景观，是山岳风景的重要景观之一，所谓云海，是指在一定的条件下形成的云层，并且云顶高度低于山顶高度。当人们在高山之巅俯首云层时，看到的是漫无边际的云，如临于大海之滨，波起峰涌，浪花飞溅，惊涛拍岸，故称这一现象为"云海"。

云海一直是摄影圈乃至飞行圈经久不衰的拍摄主题，因其缥缈的形态和富有诗意的美感称霸自然风光摄影圈。用无人机拍摄云海的优势在于，拍摄者可以控制无人机飞到高于云顶的位置拍摄云海变幻的形态，而相机有时会因为机位高度过低而迷失在云雾中，看不见任何景物。

图7.29所示是在箭扣长城航拍的照片。冬季一场大雪过后，箭扣长城出现了罕见的日落云海。云海起伏翻腾，仿佛世间停止了呼吸。这张照片中，远景的山体、林木都被升起的云雾彻底遮掩了，画面显得非常干净。这里的关键是，云雾遮掩了杂乱的对象，又对主体的强化起到了很好的烘托作用，这也是无人机拍摄云海的一大优势。

图 7.29 航拍长城云海

　　有时云海高度很低，几乎贴地形成，这就是云海的第二种形态——平流雾。平流雾，是当暖湿空气平流到较冷的下垫面上，下部冷却而形成的雾。多发生在冬春时节，以北方沿海地区居多，能将城市中的建筑物"缠绕"其中，使身处地面的人们觉得如临仙境。

　　拍摄平流雾需要高视角，而爬楼爬山则要消耗很多时间，有时好不容易赶到机位却发现云海已经消失的无影无踪了，这是很可惜的。而利用无人机起飞在高空拍摄就成了一种极为快速的拍摄手段。

　　图7.30所示是在杭州西湖拍摄的雷峰塔平流雾，十分梦幻。远方的城市若隐若现，与近处的古建筑相呼应，有着虚实结合之美。

图 7.30 航拍城市平流雾云海

航拍壮美山川照片

山脉应该是风光摄影中最为常见的拍摄对象，也是一种重要的航拍题材。图7.31所示是在新疆博格达航拍的山脉全景图，照片展现了博格达主峰巍峨的气势，宏伟壮观。

图 7.31　航拍山脉全景

在高空俯拍山脉，可以拍到山脉沟壑的纹理，在光线的加持下，山体呈现出光影交织的美感，立体感、层次感凸显。图7.32所示照片拍摄于贡嘎，主峰海拔7 556米，是中国四川省与横断山脉的最高峰，美誉为"蜀山之王"，山顶终年不化的皑皑积雪像冰雪天梯般穿越厚厚的云层，横跨天堂与人间。

图 7.32　航拍山脉沟壑纹理

航拍城市风光照片

城市风光航拍相对于自然风光航拍来说，不确定因素更多，例如高楼、车流、人群等。在拍摄城市风光时，可以将高楼大厦列为拍摄主体，道路、河流、山脉等作为陪体。城市当中，飞到高空进行俯拍可以有更大视角，容纳下更多的建筑群体，表现出建筑的形态结构、灯光，并将街道的走向也拍摄下来，画面表现力很强。采用横幅拍摄可以体现建筑物高低错落的感觉，如图7.33所示。

下面这张照片拍摄于天津，采用了前面章节介绍的三分构图法，天空占据了画面的1/3，重心在下方的城市建筑群。同时利用了河流作为陪体衬托高低错落的大楼，展现了现代城市之美。

图 7.33 航拍城市高楼

除了使用横幅拍摄比较适合城市风光外，还可以将无人机飞到建筑物上空，以"上帝视角"俯拍，能展现出城市规划之巧妙，如图7.34所示。另外注意，在城市中起飞，一定先要在App中查看该区域是否为限飞或禁飞的区域，以免造成不必要的麻烦。

图 7.34　"上帝视角"俯拍城市

航拍古镇古建照片

古镇与城市完全是两种不同的建筑风格，有些特色的古建筑是很值得拍摄的。这些古建筑有着浓厚的历史气息，是中华上下五千年文化的缩影，拍摄这些古建筑可以对历史更加深刻的了解。在构图时，拍摄者要留心观察，寻找值得拍摄的线条、图案、纹理等，经过组合排布可能会收获意想不到的作品。

图7.35所示是在福建土楼航拍的照片。福建土楼产生于宋元，成熟于明末、清代和民国时期，现已被正式列入《世界遗产名录》。福建土楼是以土作墙而建造起来的集体建筑，呈圆形、方形等，各具特色。土楼体态不一，不但奇特，而且富有神秘感，坚实牢固。现存的土楼中，以圆形的最引人注目，当地人称之为圆楼或圆寨。

航拍单独的古建筑时，可以采用侧面航拍的手法，侧面构图可以更加立体地展现建筑结构。构图方面，可以利用轻微俯拍视角，将建筑周围的环境也拍进来，形成一个包围式结构，这样构图画面的层次会上一个台阶。图7.36所示照片航拍于无锡市太湖鼋头渚风景区，赏樱楼被樱花包裹其中，春意盎然，十分漂亮。赏樱楼也是去太湖旅游必打卡的地方，在这里可以一览无余地看到鼋头渚风景区樱花园美丽的景色。

图 7.35　航拍福建土楼

图 7.36　侧面航拍古建筑

　　鼋头渚风景区也是世界三大赏樱胜地之一，园内共栽种了三万多株樱花树，在樱花盛放之时，整个景区更是一片烂漫，微风拂面，飘荡出一阵阵樱花雨，置身其中，情不自禁地使人陶醉。

03 无人机夜景实拍技巧

刚入夜或是临近天亮时，太阳虽已落山，但天光对天空的照射会让天空变蓝，形成漂亮的蓝调光，影调柔和并且色彩漂亮。城市当中拍摄蓝调时刻，仍有余晖的天空与地面灯光交相辉映，是最具表现力，最漂亮的。要拍摄这种美景，就应该在日落之前到达拍摄场地，观察好地势，筹划构图思路。

航拍建筑夜景照片

航拍建筑夜景时，应当选择蓝调时刻进行拍摄，此时天空和地景还保留有细节，不至于"死黑"。特别是对于感光元件没那么大的无人机来说，在蓝调时刻拍摄更显得尤为重要。在构图方面，可以利用之前章节讲解的主体构图法，将要拍摄的建筑物作为主体放置于画面中心位置，并适当放大其比例，弱化周围环境的干扰，突出建筑物本身的灯光、造型、线条等特点。

图7.37所示是在南京航拍的江苏大剧院夜景，剧院的设计很奇特，像只张开翅膀的蝴蝶。利用主体构图俯拍可以更加突出江苏大剧院的造型与灯光效果，十分漂亮。江苏大剧院由华东建筑设计研究总院负责设计，设计宗旨来自"水"，与南京"山水城林"的地域特色相吻合，因毗邻长江，也表达出"水韵江苏"和"汇流成川"的理念。

图 7.37　俯拍建筑夜景

　　不同于上面的主体构图俯拍，还有一种构图方式是前面章节讲解过的竖向全景接片式构图。在拍摄高度很高的建筑夜景时，由于无人机镜头的焦距无法实现超广角拍摄，而且通过裁剪方式二次构图会损失很多像素。因而采用竖向全景接片的方式是更加合适的，这样做可以有效提升画质，并增强视觉冲击力。

　　图7.38所示是采用竖幅全景接片方式拍摄的南京青奥中心夜景，因为采用了全景接片的模式，整个构图不会显得很紧凑，同时将建筑主体也很好地展现出来，是一张很不错的建筑夜景照片。

图 7.38　竖幅全景拍摄建筑夜景

航拍城市夜景照片

　　城市夜景航拍作为无人机摄影中的难点，拍摄者需要对各项拍摄参数有深刻的理解才能拍好。如果是航拍新手，那么可以用无人机自带的"纯净夜拍"模式拍摄，这样可以获得暗部和亮部细节丰富同时噪点更少的照片。如果是手动拍摄夜景，笔者建议采用机位不动，多张拍摄，后期堆栈降噪的手法来提高夜景画质，这是一个很实用的夜景拍摄技巧。

　　图7.39所示照片航拍于天津日出之前的蓝调时刻，利用了横幅全景接片的手法拍摄。此时天空蒙蒙亮，地景有着丰富的细节表现。蓝调的天空与建筑物丰富的质感、街面的路灯交相辉映，画面影调与色彩都非常迷人。

图 7.39　航拍日出之前的蓝调城市风光

因为无人机的最大飞行高度只有500米，如果想要拍摄更为广阔的场景，那么500米的高度显然是不够的。这时就需要转换思路，拍摄者可以爬上一座200米的山顶放飞无人机，这样最大总飞行高度就有200+500=700米了，一般的小城镇可以被完全放入构图中，此时再用俯拍视角拍摄，有一种在飞机上俯瞰大地的感觉，十分震撼。

图7.40所示为新疆特克斯八卦城夜景，是无人机飞到非常高的高度拍摄的城镇全貌。城镇中汇聚着多条道路，在路灯的渲染下呈现温暖的黄色，与此时蓝调时刻的天空形成冷暖对比，画面和谐，震撼人心。

图 7.40　高视角俯拍城镇全貌

航拍车流夜景照片

　　每当夜幕降临，城市灯光亮起，从高视角航拍晚高峰的车流也是不错的选择。在慢速快门中，飞驰的车辆会幻化为一条条炫丽的光轨，奏响一支城市乐章。航拍车流夜景应当使用低ISO感光度值、大光圈来保证画质，使用快门速度大于2秒且小于6秒的长曝光拍摄（大于6秒画面很可能糊掉）。之所以曝光时间不能过长是因为无人机云台不如相机的三脚架稳定，无法支持更长时间的不抖动。笔者建议拍摄车流时机位不动，开启延时摄影模式连续拍摄多张照片，然后后期在Photoshop等软件中进行最大值堆栈，这样可以模拟长曝光从而获得流畅的车流光轨。

　　图7.41所示为航拍的上海延安高架桥车流，纵横交错的立交桥与色彩斑斓的车流光轨为这座"魔都"注入了新鲜的生命力，展现了"魔都"雄厚的实力。

图 7.41 航拍车流夜景

航拍夜景长焦照片

大疆最新款的"御"Mavic 3无人机采用了双镜头设计,全新的7倍光学变焦镜头最大支持28倍的放大倍率,等效焦距为162mm。利用DJI Fly App拍摄界面中的探索模式,可以轻而易举地拍到超远距离的画面,十分好用。下面介绍使用"御"Mavic 3拍摄长焦照片的操作步骤。

❶打开DJI Fly App的拍照界面,点击右侧的"探索模式"按钮👀,如图7.42所示。

图 7.42 点击"探索模式"按钮

❷打开探索模式后,屏幕中会弹出"探索模式开启 支持28倍变焦"的提示,如图7.43所示。

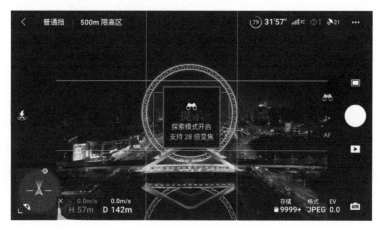

图 7.43 "探索模式"提示

❸点击右侧的"2x"按钮，可以选择多种放大倍率，效果如图7.44~图7.47所示。

图 7.44

图 7.45

图 7.46

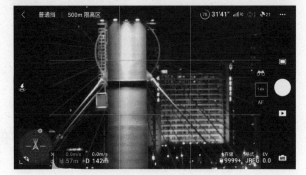

图 7.47

图 7.44~ 图 7-47 多种放大倍率可供选择

点击右侧的"拍照"按钮 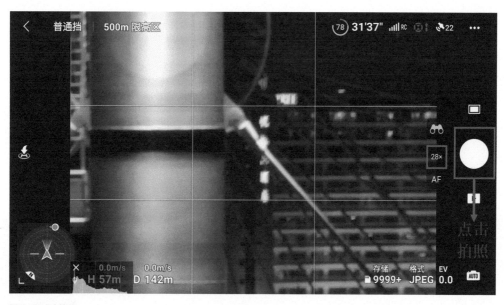 即可进行拍照，如图7.48所示。要注意在探索模式中只能拍摄JEPG格式的照片，不支持RAW格式。此模式用来勘察环境也是很好用的。

图 7.48　点击拍照

第 8 章

航拍视频构图与实战

　　本章将介绍无人机航拍视频的构图常识与技巧、运动镜头的概念与实拍，最后介绍悬停、拉升等多种无人机控制与实拍的内容。

01 了解视频中景别的概念

景别是视频拍摄的基础知识，只有了解景别的相关概念，才能更好地拍摄视频。下面笔者将对远景、全景、中景、近景（含中近景）、特写这五大景别进行介绍。

远景

远景、全景等说法，源于电影摄像领域，一般用来表现远离摄影机的环境全貌，展示人物及其周围广阔的空间环境，自然景色和群众活动大场面的镜头画面。它相当于从较远的距离观看景物和人物，视野宽广，能包容广大的空间，人物较小，背景占主要地位，画面给人以整体感，细部却不甚清晰。

事实上，从构图的角度来说，我们也可以认为这种取景方式适用于一般的摄影领域。在摄影作品当中，远景通常用于介绍环境，抒发情感，如图8.1所示。

图 8.1 远景

全景

全景，是指表现人物全身的视角。以较大视角呈现人物的体型、动作、衣着打扮等信息，虽然表情、动作等细节的表现力可能稍有欠缺，但胜在全面，能以一个画面将各种信息交代得比较清楚。

所谓全景，在摄影当中还引申为一种超大视角的，接近于远景的画面效果，如图8.2所示。

图 8.2　全景

中景

中景是指摄取人物膝盖以上部分的电影画面。中景的运用，不但可以加深画面的纵深感，表现出一定的环境、气氛，而且通过镜头的组接，还能把某一冲突的经过叙述得有条不紊，因此常用以叙述剧情。

将中景的概念引入到航拍摄影当中，可以看到如图8.3所示的中景，与图8.2所示的画面的区别。

图 8.3 中景

中近景

　　一般把卡在胸前的画面称为中近景，这种画面构图介于近景和特写之间，作用和近景相似，所以笔者将它们归为一类。中近景放大了人物表情、神态的程度，和近景相比，对拍摄对象是一种更为细腻的刻画和程度上的加深，但是作用基本和近景相似。在拍摄这类镜头时，在构图上尽量避免背景太过复杂，使画面简洁，一般多用长焦镜头或者大光圈镜头去拍摄，利用小景深把背景虚化掉，使得拍摄对象成为观者的目光焦点。拍摄近景和中近景镜头除了简洁的构图，对演员情感的把握也具有严格的要求，这类景别无法表现恢弘的气势、广袤的场景，但是其细节的刻画和表现力是全景以及大全景所无法比拟的。

　　将中近景的概念引申到航拍摄影当中，图8.4所示为中近景的取景范围。

图 8.4 中近景

近景

近景，是表现人物胸部以上或者景物局部面貌的画面。近景常被用来细致地表现人物的面部神态和情绪，因此，近景是将人物或拍摄对象推向观者眼前的一种景别。

在表现人物的时候，近景画面中人物占据一半以上的画幅，这时，人物的头部尤其是眼睛将成为观者注意的重点。在近景画面中，环境空间被淡化，处于陪体地位，在很多情况下，我们选择利用一定的手段将背景虚化，这时背景环境中的各种造型元素都只有模糊的轮廓，这样有利于更好地突出主体。

图8.5所示为航拍摄影当中的近景画面。

图 8.5 近景

特写

特写，原本是指拍摄人物的面部、局部部位，以及物品的细节，以突出主体的一种拍摄方式，能够使观众在视觉和心理上受到强烈的感染。

对于航拍来说，特写主要是指拍摄被摄对象局部细节的镜头，用于表现被摄对象的结构、表面细节或材质纹理。图8.6所示为航拍题材中的特写画面效果。

图8.6 特写

02 运动镜头（运镜）实战

在电影或电视剧中，经常会出现无人机拍摄的航拍镜头，航拍的视频不但视觉冲击力十足，而且有着非常炫目的效果，因其独有的高度优势吸引了大批观众。本节将介绍无人机多种运镜拍摄手法，帮助用户拍出流畅好看的航拍视频。

旋转镜头

旋转镜头指的是无人机飞到指定位置后，旋转机身进行拍摄。航拍旋转镜头是指云台不变，无人机机身旋转拍摄，或者机身不变，云台旋转拍摄的镜头。图8.7~图8.10所示这组视频截图是笔者在青海俄博梁利用旋转镜头手法拍摄的。拍摄旋转镜头，只需要左手向左或向右打杆，无人机就会向左或向右旋转，之后点击"录制"按钮即可开始拍摄视频。

旋转镜头的主要作用，一是展示主体周围的环境，而非主体本身，展现空间，扩大视野；二是增强镜头的主观性；三是通过依次展现不同主体，暗示其相互之间的特殊关系；四是用于制造悬疑感或期待感。

图 8.7　　　　　　　　　　　　　　　　图 8.8

图 8.9　　　　　　　　　　　　　　　　图 8.10

图 8.7~ 图 8.10　旋转镜头

俯仰镜头

在视频画面中，拍摄角度不同，拍摄对象在观众视觉范围内的方位、形象就会变化，从而引起观者对拍摄对象的注意，改变观者的心理反应。仰拍就是云台由下往上、从低向高的角度拍摄，仰镜头代表了观者向上仰望的视线。俯拍就是云台从高往低、由上往下的角度拍摄，俯镜头代表了观者向下俯视的视线。

俯仰镜头很容易操作，在录制视频时右手拨动云台拨轮即可。一般情况下，云台的俯仰会伴随飞行器的向前或向后移动，这样组合出来的拍摄效果更佳。图8.11~图8.14所示是笔者拍摄的前进俯仰镜头，慢慢地展现主体，是一种独特的运镜手法。

图 8.11

图 8.12

图 8.13

图 8.14

图 8.11~ 图 8.14 俯仰镜头

图 8.15

图 8.16

图 8.17

图 8.18
图 8.15~图 8.18 环绕镜头

环绕镜头

航拍环绕镜头又称为刷锅，是指拍摄的主体不变，无人机环绕主体做圆周运动，云台始终跟随主体，并通常将主体置于画面中央拍摄的镜头。环绕镜头的主要作用，一是突出主体的重要性；二是增加场景的紧张情绪；三是增加画面的动感和能量。环绕镜头的操作在前面章节手动环绕飞行中已介绍过，这里不再重复。

图8.15~图8.18所示是笔者在俄博梁拍摄的环绕镜头，画面中的环绕目标是笔者自己。以主体为中心环绕拍摄，可以引导观者的视线聚焦主体。

追踪镜头

　　追踪镜头，就是无人机追随移动目标进行拍摄，常用来拍摄行驶中的汽车、船只等目标。追踪镜头有着很强的画面感染力，充满动感，能让观者身临其境，感受到飞翔的感觉。追踪镜头拍摄难度较大，需要拍摄者对无人机的操作相当熟悉，左右手相互配合，甚至要同时控制无人机的前进、转向与云台的俯仰动作。同时拍摄追踪镜头还需要两人配合，司机要控制好车速与行驶路线，飞手要时刻保持关注目标动向，两者配合完美才能出片。

　　图8.19~图8.22所示是笔者在青海俄博梁拍摄的追踪镜头，目标主体是两辆行驶中的汽车。

图 8.19

图 8.20

图 8.21

图 8.22
图 8.19~ 图 8.22 追踪镜头

图 8.23

图 8.24

图 8.25

图 8.26
图 8.23~ 图 8.26 侧飞镜头

侧飞镜头

侧飞镜头是无人机位于拍摄对象的侧面运动所拍摄的画面，无人机运动方向与拍摄对象的位置关系通常有平行和倾斜角两种。当场景中的元素比较多时，无人机平行于场景运动，这样的镜头能够连续性地展示场景中的元素，拍摄的画面像一幅画轴一样延展开来，通常用于交代环境信息。

图8.23~图8.26所示是笔者在青海俄博梁拍摄的侧飞镜头，展现了奇特的雅丹地貌。

向前镜头

向前镜头是无人机运镜中最简单的拍摄方式，只要保持无人机前进即可。这是最常用也是最基本的手法之一，一般是在拍摄海岸线、沙漠、山脊、笔直的道路等的时候使用这种手法。画面中镜头向前移动，也可从地面慢慢抬头望向远处，镜头一气呵成。向前镜头通常用来表现前景，慢慢地呈现在观者眼前，有一种揭示环境的作用。同时向前镜头也是最适合新手的，因为向前飞行可以很明显地看到前方的障碍物，从而可以提前规避。

图8.27~图8.30所示是笔者在青海俄博梁拍摄的向前镜头，无人机穿梭在雅丹地貌之间，有一种探索的氛围，十分有趣。

图 8.27

图 8.28

图 8.29

图 8.30
图 8.27~图 8.30 向前镜头

图 8.31

图 8.32

图 8.33

图 8.34
图 8.31~ 图 8.34 向后镜头

向后镜头

虽然只有一字之差，但向后镜头的操作难度就比向前镜头大很多，主要是因为无人机在后退飞行的过程中无法观测到后方的障碍，导致炸机率升高。直线向后飞行，镜头也要跟随后退，这也是一种基本的拍摄手法，特别的是在特定的环境中，例如拍摄日落日出等，边飞边退，拍摄出的视觉效果也很特别。向后镜头最大的特点是不确定性，作为观者，很难预测接下来会有什么静物出现在眼前，增加视频趣味性。

图8.31~图8.34所示为笔者的自拍向后镜头，拍摄于俄博梁。在视频中，笔者作为拍摄主体同时作为无人机的操作者，拉升无人机高度，从空中展示目标所在环境。此类片段常在视频收尾时使用。

03 多种拍摄手法

除了多种运镜需要掌握，笔者还准备了多种拍摄手法供读者学习。学会这些拍法后，就能在航拍视频领域有所发展，有所创造，从航拍小白晋升为专业人士。

俯视悬停拍法

俯视视角只有无人机才可以实现，因为视角完全90°垂直向下并处于拍摄目标的正上方。因其独特的呈现方式，又被广大飞手称为"上帝视角"。俯拍镜头不同于其他镜头语言，其最独特的地方在于能把三维世界二维化，让观者以平面视角重新认识这个世界，十分吸引人。

俯视悬停是指无人机静止在空中，云台相机完全向下垂直90°拍摄。一般用来拍摄移动的目标，比如船只、汽车等，算是一种空镜。片段可以用作填补视频空白。图8.35~图8.38所示是笔者在西部公路上空拍摄的一段俯拍视频，画面中车辆经过为视频带来了动感。

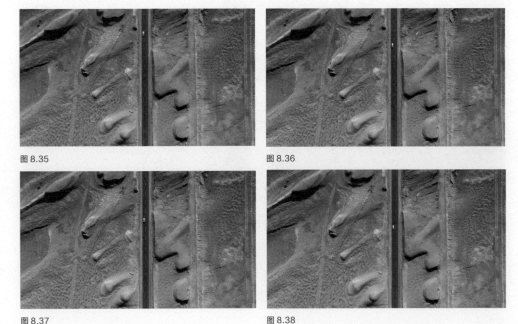

图 8.35

图 8.36

图 8.37

图 8.38

图 8.35~图 8.38 俯视悬停拍法

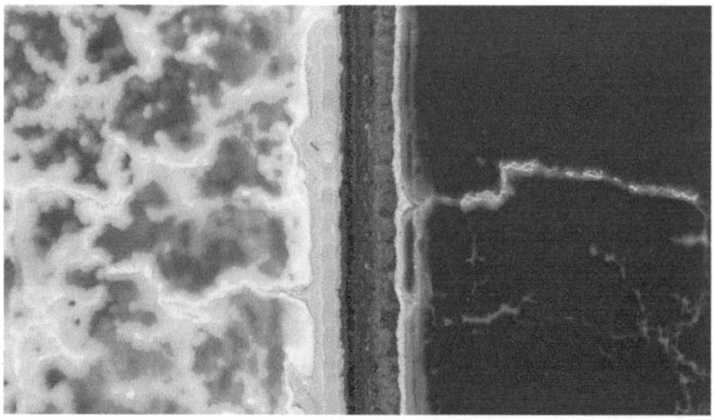

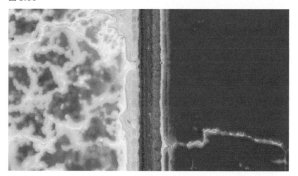

图 8.39

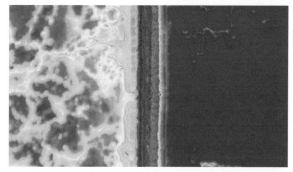

图 8.40

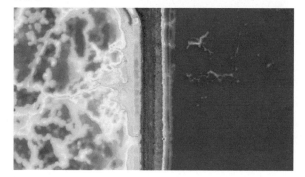

图 8.41

俯视向前拍法

俯视向前拍法在很多电影中经常见到，经常用来展示"上帝视角"下的摩天大楼，有很强的压迫感。值得注意的是，用俯视向前拍法拍摄时，不要飞行速度过快，要保持慢速匀速飞行，这样对于观者来说才更方便看清被展示的目标。图8.39~图8.42所示是笔者在翡翠湖拍摄的俯视向前镜头，展现了翡翠湖漂亮的纹理。

图 8.42
图 8.39~ 图 8.42 俯视向前拍法

俯视拉升拍法

俯视拉升会让画面越来越广，幅度可能跨越特写到远景，是一种很好的由小到大的展示方法。垂直拉升无人机的过程是逐步扩大视野的过程，画面中也会不断显示周边的景象。图8.43~图8.46所示是笔者在艾肯泉拍摄的俯视拉升镜头，在这个过程中，观者看到了由中景到全景扩大的过程，视野也越来越开阔，很好地交代了周边环境变化。

图 8.43

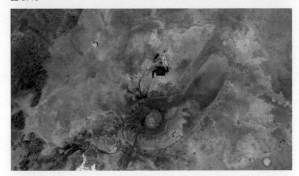

图 8.44

图 8.45

图 8.46
图 8.43~ 图 8.46 俯视拉升拍法

图 8.47

图 8.48

图 8.49

图 8.50

图 8.47~ 图 8.50 俯视旋转拍法

俯视旋转拍法

俯视旋转拍法就是无人机悬停在空中，控制机身自转，用垂直向下90°的"上帝视角"拍摄，展现无人机所在的环境，有绚丽的视觉效果。图8.47~图8.50所示是笔者拍摄的"恶魔之眼"（艾肯泉）俯拍旋转镜头，用旋转的手法可以衬托"恶魔之眼"的神秘，让观者有沉浸感、代入感。

旋转拉升拍摄手法

俯拍旋转拉升拍法是俯拍旋转拍法的升级版，加入了上升的动作。这与之前章节讲的无人机基础飞行动作之螺旋上升的操作手法相同，只不过此时云台相机垂直朝下90°拍摄。拍摄时请注意，要把拍摄对象时刻放在画面中心位置（难度很大，需要多多练习），然后轻轻控制摇杆，这样拍出来的画面才稳定，同时吸引观者。

图8.51~图8.54所示同样是"恶魔之眼"，只不过这次加入了拉升动作，旋转的同时视野慢慢变得开阔，是一种高级拍摄手法。

图 8.51

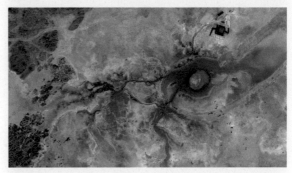

图 8.52

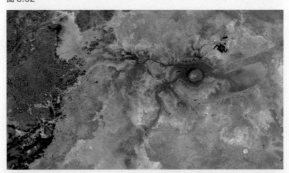

图 8.53

图 8.54

图 8.51~ 图 8.54 旋转拉升拍摄手法

图 8.55

图 8.56

图 8.57

图 8.58
图 8.55~ 图 8.58　侧飞追踪拍摄手法

侧飞追踪拍摄
手法

　　侧飞追踪拍法是侧飞镜头+追踪镜头的合体。侧飞追踪拍法需要拍摄者操作无人机水平移动的同时对目标进行追踪，行进的速度既不能快也不能慢，要保持与移动目标的相对静止，展示了主体的运动方向及状态，使观者的视线能有所停留。在汽车广告或公路电影中我们常会见到这类镜头。这样拍不仅可以展现宏大的场面，同时可以为视频带来不错的动感。

　　图8.55~图8.58所示是笔者在俄博梁拍摄的侧飞追踪镜头，追踪目标是白色的越野车。

飞跃主体拍摄手法

　　飞跃主体拍摄手法是一种高级航拍技巧。无人机朝目标主体飞去，此时是平视视角。在越过其最高点时，转换为俯拍视角飞越目标。因为无人机和云台相机在不停变换角度，所以画面会有很强的动感与未知性，当然也更有吸引力。图8.59~图8.62所示为笔者飞越天津火车站的画面效果。

图 8.59

图 8.60

图 8.61

图 8.62
图 8.59~ 图 8.62 飞跃主体拍摄手法

图 8.63

图 8.64

图 8.65

遮挡揭示主体拍法

遮挡以揭示主体是一种比较高级的镜头语言，本质是侧飞镜头的一种应用。首先需要将与主体无关的景物作为拍摄对象，景物要足够大，因为要完全挡住后面的主体，给观者留下悬念。然后使用侧飞镜头拍法缓慢匀速地左移或右移无人机，直至主体被完全揭示，此时拨云见日，观者会眼前一亮。

如图8.63~图8.66所示，笔者将天津之眼作为拍摄对象，利用前方的居民楼作为遮挡，向右侧飞拍摄，主体逐渐被揭示。

图 8.66
图 8.63~ 图 8.66 遮挡揭示主体拍法

第 9 章
无人机延时视频实战

　　延时摄影，又叫缩时摄影、缩时录影，英文名是Time-lapse photography。延时摄影拍摄的是一组照片，后期通过将照片串联合成视频，把几分钟、几小时甚至是几天的过程压缩在一个较短的时间内以视频的方式播放。在一段延时摄影视频中，物体或者景物缓慢变化的过程被压缩到一个较短的时间内，呈现出平时用肉眼无法察觉的奇异精彩的景象。

01 航拍延时拍摄要点

　　航拍延时不同于地面延时，由于拍摄地在高空，加上气流与GPS的影响，无人机时刻都在调整位置，同时云台相机也有或多或少的偏移，最终导致成片出现抖动。为了简化后期去抖流程，笔者总结了几条拍摄经验供参考，下面进行说明。

　　❶拍摄时要距离拍摄对象足够远，利用广角镜头的优势可以使抖动变得不那么明显。

　　❷尽量挑选无风或微风天气拍摄，在拍摄前可以查看天气预报，防止无人机飞入高空后剧烈抖动影响出片。

　　❸飞行速度要慢，一是为了使无人机飞行平稳，二是为了视频播放速度合适。可以使用三脚架模式拍摄，增强画面稳定性。

　　❹航拍自由延时时，先让无人机空中不动悬停5秒，等待无人机机身稳定后再进行拍摄。

　　❺航拍夜景延时时尽量选择蓝调时刻，同时快门速度控制在1秒左右最佳，这样可以最大程度地保证不糊片。

02 航拍延时准备工作

航拍延时需要消耗大量的时间成本，比如充电时间、拍摄时间、后期时间等，有时候需要准备好久才有可能出一段视频。如果不想做无用功，就需要提前做好充足的准备，提高出片效率。下面介绍航拍延时的提前准备工作。

❶保证SD卡有充足的存储空间。航拍延时期间需要拍摄大量的RAW格式照片，如果因为没有足够的存储空间，而导致延时断掉是很亏的。笔者建议在拍摄前准备好一张容量大且传输速度相对快的SD卡。

❷确定好拍摄对象。仔细观察需要拍摄的建筑物，寻找建筑物的特性，需要立体关系明确、透视效果强的，这样在之后的移动拍摄时视觉效果会更好。

❸使用减光镜拍摄。拍摄白天有云的题材时，可以考虑装上ND镜以增加曝光时间，这样视频会有动态模糊的效果，抓住观者眼球。

❹保证对焦万无一失。笔者建议航拍夜景延时时使用手动对焦模式，开启峰值对焦功能，保证焦点准确，之后锁定对焦功能，防止拍摄过程中焦点偏移。

❺设置好拍摄参数。笔者建议新手在拍摄夜景延时时，使用A挡（光圈优先模式）拍摄，曝光补偿适当提高一点，这样可以抑制画面中的暗部噪点。熟练的拍摄者可以使用M挡（手动模式）拍摄，这样可以在拍摄过程中手动调整参数以保证曝光正常。

03 自由延时

航拍延时共有4种模式，分别是自由延时、环绕延时、定向延时以及轨迹延时。选择相应的模式后，无人机会在设定的时间内拍摄设定数量的照片，并生成延时视频。在"自由延时"模式下，用户可以手动控制无人机的飞行方向、高度和云台相机的俯仰角度。下面介绍拍摄自由延时的操作方法。

❶在DJI GO 4 App的飞行界面中，点击左侧的"智能飞行模式"按钮，然后在弹出的界面中点击"延时摄影"按钮，如图9.1所示。

图 9.1　点击"延时摄影"按钮

❷进入"延时摄影"模式，点击下方"自由延时"按钮，如图9.2所示。

图 9.2　点击"自由延时"按钮

❸此时屏幕中会弹出自由延时模式的相关介绍，点击"好的"按钮，如图9.3所示。

图 9.3　自由延时模式的相关介绍

❹进入"自由延时"拍摄界面，下方显示拍摄时长为4分08秒，拍摄张数为125，拍摄间隔为2秒，点击右侧的"GO"按钮，即可开始拍摄，如图9.4所示。

图 9.4　点击"GO"按钮

❺照片拍摄完成后，界面下方提示用户正在合成视频，如图9.5所示。视频合成完毕后，即可完成一个完整的自由延时拍摄流程。

图 9.5　正在合成视频

04 轨迹延时

在"轨迹延时"模式下，拍摄者可以在地图中选择多个目标路径点。拍摄者需要提前预飞一遍，在到达预定位置后记录下无人机的高度、朝向和云台相机角度。全部路径点设置好之后，可以选择正序或倒序进行轨迹延时拍摄。下面介绍拍摄轨迹延时的操作方法。

❶进入"延时摄影"模式，点击下方"轨迹延时"按钮。此时屏幕中会弹出轨迹延时模式的相关介绍，点击"好的"按钮，如图9.6所示。

图 9.6　轨迹延时模式的相关介绍

❷进入"轨迹延时"拍摄界面，此时左下角地图显示了标记的航迹点，下方显示了各个路径点的镜头画面以及拍摄顺序。点击右侧的"GO"按钮，即可开始拍摄，如图9.7所示。

❸照片拍摄完成后，界面下方提示用户正在合成视频。视频合成完毕后，即可完成一个完整的轨迹延时拍摄流程。轨迹延时可以保存路径，用户可以多次调整以获得最佳轨迹，等到最佳光线时再拍摄。

图 9.7　点击"GO"按钮

05 环绕延时

在"环绕延时"模式下，无人机将依靠其强大的算法功能，根据拍摄者框选的拍摄目标自动计算出环绕中心点和环绕半径，然后根据拍摄者的选择做顺时针或逆时针的环绕延时拍摄。在选择拍摄主体时，应选择一个显眼且规则的目标，并且保证其周围环境空旷，没有遮挡，这样才能保证追踪成功。下面介绍拍摄环绕延时的操作方法。

❶进入"延时摄影"模式，点击下方"环绕延时"按钮。此时屏幕中会弹出轨迹延时模式的相关介绍，点击"好的"按钮，如图9.8所示。

图9.8 环绕延时模式的相关介绍

❷进入"环绕延时"拍摄界面，此时用手指拖曳框住环绕目标，在下方设置拍摄间隔、视频时长、飞行方向等信息。设置完成后点击右侧的"GO"按钮，如图9.9所示。

图9.9 设置拍摄参数

❸此时无人机将自动计算环绕半径，随后开始拍摄，如图9.10所示。在拍摄过程中进行打杆操作将退出延时拍摄，也可以点击左侧"取消"按钮终止拍摄。

图 9.10 正在进行目标位置测算

❹照片拍摄完成后，界面下方提示用户正在合成视频。视频合成完毕后，即可完成一个完整的环绕延时拍摄流程。

第 10 章
无人机摄影后期实战

　　在掌握了无人机前期控制与实拍的知识之后，接下来将介绍无人机航拍照片的后期处理技巧，包括借助于手机App进行修片和在电脑上借助于Photoshop修片的技巧。

01 利用手机App 快速修图

用无人机拍完照片后，用户可以通过数据线将照片导入到手机中，利用手机修图App可以方便快捷地处理照片。本节将以Snapseed App为例，介绍手机修图的简要流程。用户处理完照片后，可以直接分享到社交媒体，非常高效。

裁剪照片尺寸

Snapseed是由谷歌公司开发的一款全面而专业的照片编辑工具，其内置了多种滤镜效果，并且有着十分完备的参数调节工具，可以帮助用户快速修片。下面介绍在Snapseed中裁剪、翻转照片的操作步骤。

❶在Snapseed App中打开一张照片，点击下方的"工具"按钮，如图10.1所示。

❷执行上述操作后，点击"剪裁"按钮，如图10.2所示。

图 10.1 点击"工具"按钮

图 10.2 点击"剪裁"按钮

❸进入"剪裁"页面，用户可以选择各种比例进行裁剪，其中包括正方形、3：2、4：3、16：9等。点击"自由"按钮，如图10.3所示。

❹拖曳预览区中的裁剪框，选定要保留的区域即可，如图10.4所示。

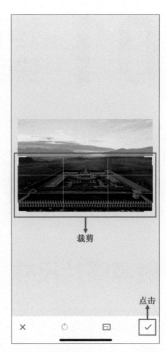

图 10.3　点击"自由"按钮　　　　　图 10.4　拖曳裁剪框

❺确定裁剪区域后，点击右下角的"✓"，即可完成裁剪图片的操作，最终效果如图10.5所示。

图 10.5　最终效果

调整色彩与影调

使用无人机拍摄照片时，尤其是拍摄RAW格式文件时，照片的色彩会有所损失，此时需要在Snapseed App中进行色彩还原，完善色彩。下面介绍通过Snapseed App调整照片色彩与影调的方法。

❶在Snapseed App中打开一张照片，点击下方的"工具"按钮，如图10.6所示。

❷执行上述操作后，点击"调整图片"按钮，如图10.7所示。

❸进入"调整图片"页面，点击下方的"调整"按钮 非，里面有多种参数可供调节，点击"亮度"按钮，如图10.8所示。

图 10.6　点击"工具"按钮

图 10.7　点击"调整图片"按钮

图 10.8　点击"亮度"按钮

❹向右滑动屏幕增加照片亮度，本例调整为+36，如图10.9所示。

❺点击下方的"调整"按钮 ，点击"对比度"按钮，向右滑动屏幕增加照片对比度、通透度，本例调整为+24，如图10.10所示。

图 10.9 增加亮度

图 10.10 增加对比度

❻点击下方的"调整"按钮 ，点击"饱和度"按钮，向右滑动屏幕增加照片饱和度，使画面色彩更鲜艳，本例调整为+46，如图10.11所示。

❼点击下方的"调整"按钮 ，点击"高光"按钮，向右滑动屏幕增加照片高光，使画面光感更强，本例调整为+32，如图10.12所示。

图 10.11 增加饱和度

图 10.12 增加高光

完成照片的调色后，最终效果如图10.13所示。

图 10.13　调色完成的最终效果

突出细节与锐化

如果无人机拍摄的是RAW格式文件，那么照片的细节就有很多可以榨取的地方。应用锐化工具可以快速聚焦模糊边缘，提高图像中某一部位的清晰度，使图像特定区域的色彩更加鲜明。下面介绍利用Snapseed App对照片进行锐化突出细节的操作步骤。

❶在Snapseed App中打开一张照片，点击下方的"工具"按钮，如图10.14所示。

❷执行上述操作后，点击"突出细节"按钮，如图10.15所示。

❸进入"突出细节"页面，点击下方的"调整"按钮 ，里面有2种参数可供调节，分别是结构与锐化。点击"结构"按钮，如图10.16所示。

图 10.14　点击"工具"按钮

图 10.15　点击"突出细节"按钮

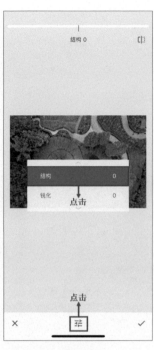

图 10.16　点击"结构"按钮

❹向右滑动屏幕增强结构纹理，可使屋顶上的纹理更清晰。本例调整为+28，如图10.17所示。

❺点击下方的"调整"按钮 ⬕，点击"锐化"按钮，向右滑动屏幕增加照片锐度，可使整张照片细节更加突出。本例调整为+15，如图10.18所示。

图 10.17　调整结构

图 10.18　调整锐化

❻完成照片的锐化后，最终效果如图10.19所示。

图 10.19　锐化完成的最终效果

使用滤镜一键调色

利用Snapseed App不仅可以对照片的色彩、细节、构图等进行调整，还可以通过其自带的滤镜库一键修图，快速地将平平无奇的照片变成艺术大片。下面介绍通过Snapseed App滤镜功能一键调色的步骤。

❶在Snapseed App中打开一张照片，点击下方的"样式"按钮，如图10.20所示。

❷进入"样式"页面，里面有各种各样的滤镜效果可供选择，如图10.21所示。

❸选择一种滤镜效果，软件会自动计算套用滤镜预设，如图10.22所示。

图 10.20 点击"样式"按钮

图 10.21 多种滤镜可供选择

图 10.22 选择一种滤镜

完成照片的一键调色后，最终效果如图10.23所示。

图 10.23 一键调色完成的最终效果

去除画面中的杂物

　　Snapseed App中的"修复"工具可以帮助用户轻松快速地消除画面中的杂物，比如行人、脏点等。操作方法也非常简单，下面介绍利用Snapseed App的"修复"功能去除画面中杂物的操作方法。

　　❶在Snapseed App中打开一张照片，点击下方的"工具"按钮，如图10.24所示。

　　❷执行上述操作后，点击"修复"按钮，如图10.25所示。

　　❸进入"修复"页面，两指向外移动以放大图片，用手指涂抹需要去除的杂物，如图10.26所示，本例中是一辆白色越野车。

图 10.24　点击"工具"按钮

图 10.25　点击"修复"按钮

图 10.26　抹除目标杂物

❹完成照片的杂物去除后，最终效果如图10.27所示。

图 10.27 修复杂物完成的最终效果

给照片增加文字效果

在Snapseed App中，用户可以根据需要在照片中添加文字，增添海报效果。在照片中添加文字，可以让观者一眼看出拍摄者想要表达什么，还可以让照片变精致。下面介绍为照片添加文字的具体操作步骤。

❶在Snapseed App中打开一张照片，点击下方的"工具"按钮，如图10.28所示。

❷执行上述操作后，点击"文字"按钮，如图10.29所示。

图 10.28 点击"工具"按钮

图 10.29 点击"文字"按钮

❸进入"文字"页面，点击下方的"样式"按钮 ，里面有多种字体样式可供选择，选择一种字体，之后在预览窗口中双击文字，如图10.30所示。

❹在文本框中输入文本，可以是主题也可以是情绪等，本例为"泸定桥"字样，如图10.31所示。

❺点击下方的"不透明度"按钮 ，滑动滑块可以调节字体的不透明度，如图10.32所示。

图 10.30　点击"样式"按钮

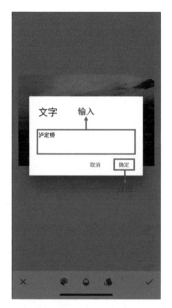

图 10.31　输入文本

图 10.32　点击"不透明度"按钮

❻点击下方的"颜色"按钮 ，选择一种自己喜欢的颜色，如图10.33所示。

❼用手指拖动字体可以移动位置，改变大小，如图10.34所示。

图 10.33　点击"颜色"按钮

图 10.34　移动文字位置

❽完成照片的添加字体后，最终效果如图10.35所示。

图 10.35 最终效果

02 利用Photoshop
精修照片

　　要想航拍摄影作品更加吸引人，就需要在电脑上用Photoshop软件进行精细修图。利用Photoshop可以对航拍的照片进行全方位处理，弥补前期拍摄的缺陷，使之完美。本节将用逆光航拍实例讲解Photoshop精修照片的步骤。

　　逆光时的色彩是非常具有戏剧性的，空间感也很强。所以如何在逆光的时候把颜色和颜色的饱和度掌控好，营造出日落的氛围是非常重要的。这张照片是用"御"Mavic 2 Pro拍摄的发电站的逆光日落。如图10.36所示，原图看起来有些灰暗，画面也缺乏一些质感和氛围。经过后期调整，最终让日落时热烈的氛围得到了很好的强化。

　　接下来演示这张照片的一些创作思路及后期修饰过程。

图 10.36　原图与后期效果图

画面分析

首先，在Photoshop中打开这张照片，照片会默认在ACR（Adobe Camera Raw）当中打开，如图 10.37所示。

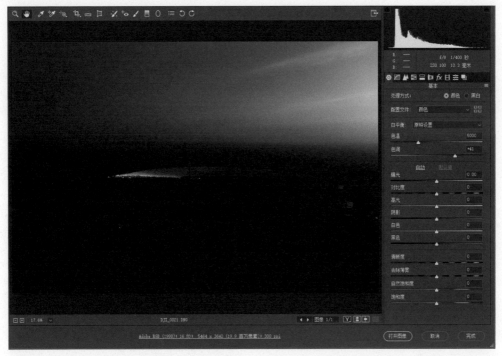

图 10.37 在 Adobe Camera Raw 中打开

在修片之前，我们先来看一下这张照片的拍摄参数，如图10.38所示。感光度是ISO 100，焦距是 10.3mm，光圈是f/8.0，曝光时间是1/400秒。在这样的参数下，可以保证最佳的画质以及清晰度。我们 可以看到画面是稍微曝光不足的，为什么会曝光不足呢？因为在逆光的时候，画面当中的亮部很容易曝光 过度，这样的话细节就不会很多，所以在逆光的时候拍摄照片要尽可能曝光不足一些，只有曝光不足，照 片的色彩才能够保留得更好一些。从直方图上来 看，也可以看到整个直方图更靠近左侧，这就意味 着照片偏暗，整体曝光不足。

这张照片的后期思路：首先调整画面整体的氛 围和细节，然后对画面进行调色处理，最后对画面 进行细节的刻画。我们按照这个后期思路依次往下 进行，先对这张照片进行一个基本调整。

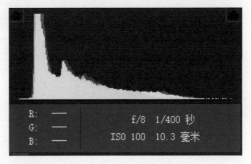

图 10.38 直方图

裁剪画面并二次构图

二次构图是指对照片进行裁剪，或是对照片中的元素进行一些特定的处理，改变画面的构图方式，提升画面表现力。

有时候拍摄的照片四周可能会显得比较空旷，除主体之外的区域过大，这样会导致画面显得不够紧凑，有些松散，这时同样需要借助于裁剪来裁掉四周的不紧凑区域，让画面显得更紧凑，主体更突出。

如图10.39、图10.40所示，可以看到要表现的主体是发电站，四周过于空旷的地面与天空分散了观者的注意力，让主体显得不够突出。这时可以在工具栏中选择"裁剪工具"，设定原始比例，确定裁剪之后，如果感觉裁剪的位置不够合理，还可以把鼠标指针移动到裁剪边线上，单击边线并按住鼠标拖曳，改变裁剪区域的大小。

图 10.39 选择"裁剪工具"

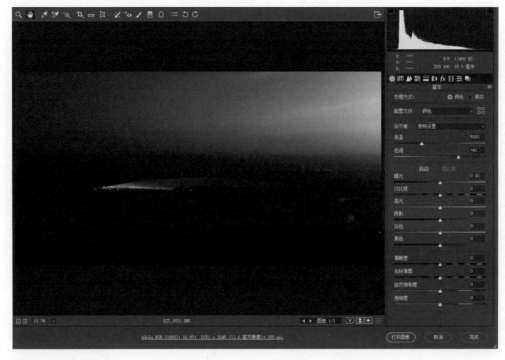

图 10.40　裁剪后效果

校正透视、变形与畸变

　　如果使用广角镜头拍摄，可以发现照片四周会存在一些比较明显的畸变，这取决于镜头的光学素质，这样的畸变存在就会让画面水平线扭曲。要修复这种畸变，可以勾选"启用配置文件校正"复选框，几何畸变就会被消除。

　　当然，启用配置文件校正能否让画面得到校正还有一个决定性因素，即镜头配置文件是否被正确载入。大多数情况下，如果我们使用的是与相机同一品牌的镜头，也就是原厂镜头，那么下方的机型及配置文件都会被正确载入；如果我们使用的镜头与相机非同一品牌，也就是第三方镜头，那么就可能需要手动选择镜头的型号，如图10.41所示。

图 10.41　镜头配置文件

消除畸变后的效果如图10.42所示，可以看到地平线非常水平。

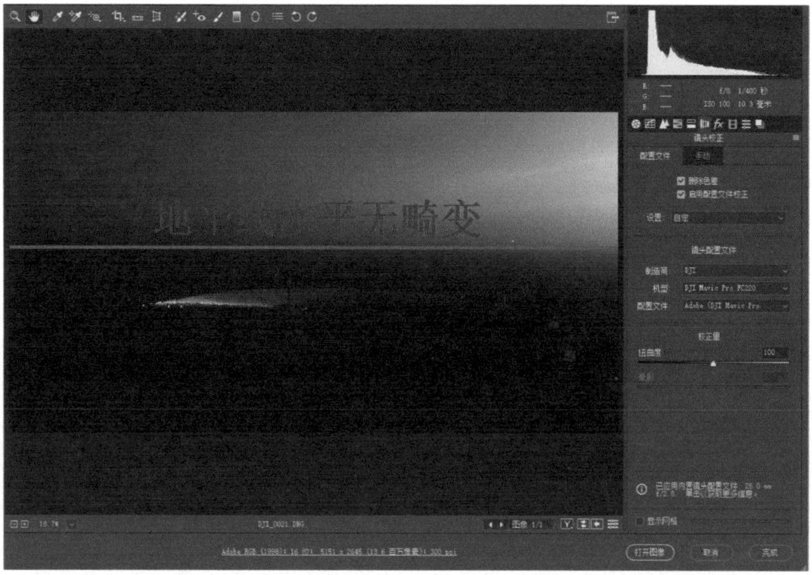

图 10.42　消除几何畸变

画面整体氛围和细节优化

打开"基本"面板，增加白色的值，降低黑色的值，增加画面的对比度，具体参数如图10.43所示。

图 10.43　增加画面的对比度

　　此时云层非常有层次感，当然在笔者这样操作的时候，很多地方会有曝光过度的倾向，所以要降低高光的值，同时提升阴影的值，找回一些暗部的细节，具体参数如图10.44所示。这样一来，整个画面的对比度和通透度都已经很好了，暗部和亮部的细节也都还原了。

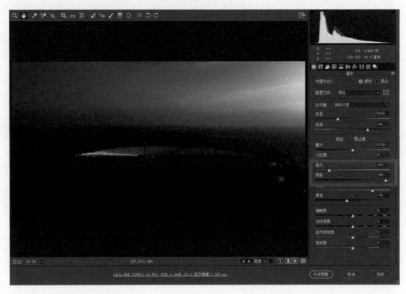

图10.44　还原暗部和亮部的细节

　　在逆光的情况下，把霞光制作得太艳或太暗都是不好的，霞光太艳会显得有点假，霞光太暗容易不通透，所以要把它调整到一个恰到好处的亮度。这个时候可以适当增加一点曝光的值，具体参数如图10.45所示。提升曝光之后，画面会被整体提亮，这种提亮会让画面看起来不像刚才那样对比度那么强烈。

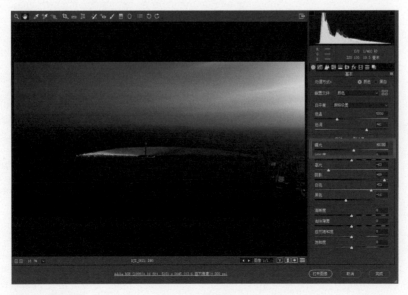

图10.45　整体提亮

事实上，反光板应该有很多的纹理，因此我们可以增加清晰度的值，具体参数如图10.46所示。这样一来，会发现发电站的质感和细节更好了。

图 10.46 增加清晰度

接下来我们可以将自然饱和度滑块向右移动，增加自然饱和度的值，让整个画面更艳丽一些，具体参数如图10.47所示。

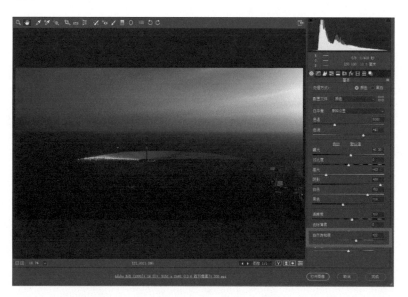

图 10.47 增加自然饱和度

到这一步，这张照片的基本调整就完成了，但是以上的调整只是修片过程当中的第一步。接下来我们要对它进行第二步的处理，也就是色彩的修饰。

调色分析与过程

　　这张照片的主题是逆光的氛围，我们来分析一下，逆光时的阳光是暖调的，那么我们在画面的处理上一定是暖调居多，冷调主要是起到烘托的作用，因此稍微有一点即可。这时我们可以对混色器当中的几种暖色调的颜色进行修饰。

❶混色器调色。

　　打开混色器面板，先对橙色进行更改，选择橙色，把色相滑块向左移动，给霞光的颜色加点红色，同时适当增加一点饱和度的值，让霞光的颜色更鲜艳一些。

　　选择黄色，将黄色的色相滑块向左移动，让黄色更明显一些，这样黄色区域会有被提亮的感觉，也能增加画面当中的色彩的层次感。

　　完成亮部的调色之后，继续往下调整暗部的色调。我们可以看到，暗部主要集中在地景区域，这些区域中含少量的洋红和紫色，因此我们要将这些杂色去除掉。先选择洋红，将色相滑块向左移动，最大程度地减少暗部的洋红；将饱和度滑块向左移动，降低洋红的饱和度；将明亮度滑块向右移动，不让洋红那么明显。

　　然后我们再选择紫色，依旧是将色相和饱和度降低，将明亮度提升。这样一来，暗部区域里的紫色也被去除了，这才是地景该有的颜色。

　　我们再来仔细分析一下，现在的暗部里面其实是有蓝色的，所以会在蓝色当中加一点点绿色。选择蓝色，将蓝色的色相滑块向左移动，让蓝色往绿色方向靠拢一些，然后再增加饱和度和明亮度的值，让蓝色中的绿色更明显一些，具体参数如图10.48~图10.50所示。经过以上调整之后，整个画面已经初步达到了我们想要的有冷暖对比的逆光效果，最终效果如图10.51所示。

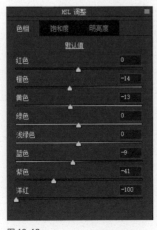

图 10.48

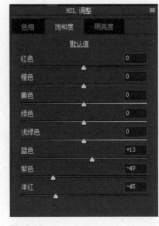

图 10.49

图 10.50

图 10.48~ 图 10.50　混色器调色参数

图 10.51　混色器调色效果

❷颜色分级调色。

下面继续进行调整。在色彩分级面板中分别对阴影和高光的颜色进行一些更改，在阴影中增加一点冷色（蓝色），然后在高光中增加一点暖色（橙色），增强这种冷暖对比的反差效果。

打开色彩分级面板，选择阴影，将色相的值调整到211，同时增加饱和度的值，具体参数如图10.52所示。这样一来，暗部的发电站圆盘就会有偏冷的倾向，地景和晚霞就会有更加强烈的冷暖对比。正是因为有这样强烈的反差，冷色的地景才能够烘托出暖色的霞光，所以这一步非常关键。

然后我们可以在高光中增加一点橙色。选择高光，将色相的值调整到22，同时增加饱和度的值，具体参数如图10.52所示。这样一来，亮部的霞光就会有偏暖的倾向，画面的氛围感也会格外强烈一些。

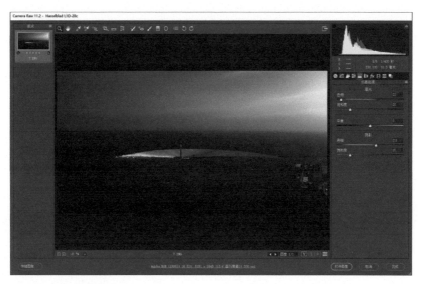

图 10.52　分离色调整参数

来看一下修片前后的对比效果。如图10.53所示，可以看到，原片中的晚霞虽然有层次，但是不是很强烈，而经过调整后的照片中晚霞的层次非常突出，并且画面的色彩也通透很多，呈现出一种冷暖对比的感觉，这就是笔者想要的效果。

图 10.53　混色器前后对比

局部调整

目前画面的氛围已经调整的差不多了，但还是可以继续对它进行一些渲染，在画面的中间区域加一个渐变，将云层的暗部区域再压暗一些。

在界面上面的工具栏中选择渐变滤镜，在发电站顶部的区域拉出一条渐变；在参数面板中稍微降低曝光的值，加白色、减黑色，具体参数设置如图10.54所示。完成调整之后，整个画面的重心会转移到地平线和霞光的交界处，这种氛围的渲染会格外强烈。

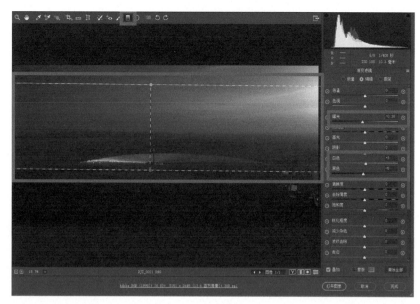

图 10.54 渐变滤镜局部调整

　　接下来我们再用画笔工具对发电站进行提亮的处理。在界面上面的工具栏中选择画笔工具，涂抹发电站的亮部区域，然后在参数面板中增加白色的值，稍微降低高光的值，具体参数设置如图10.55所示。将雪山的亮部提亮以后，发电站的亮部和暗部的对比就更加明显，这样做的目的是让发电站有一定的层次感。

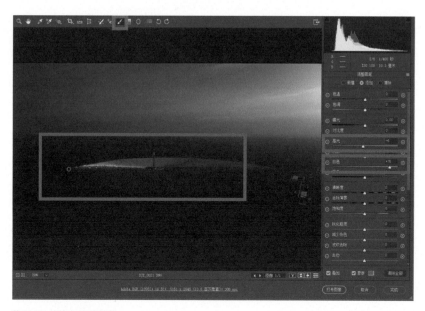

图 10.55 画笔工具局部调整

输出前的优化

接下来再对画面进行锐化的处理，这也是一个非常必要的步骤。在界面右侧的工具栏中选择锐化工具，打开"细节"面板，增加锐化的值，具体参数设置如图10.56所示。此时画面会变得非常锐利，而且日落的氛围感会更加强烈。

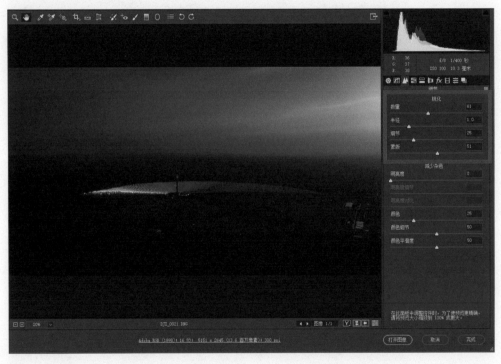

图 10.56 锐化操作

如图10.57所示，最后可以增加一个对比度曲线。打开曲线面板，单击"点"按钮以编辑点曲线，制作一个S形曲线。注意要在暗部稍微加一点灰度，但是不能加太多，如果加得太多，会使画面看起来特别平淡。

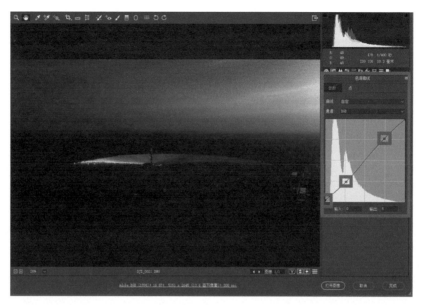

图 10.57　增加 S 形曲线

最终调整完毕后的成片如图10.58所示，经过后期处理的照片画面氛围感很强，对比度和通透感也很强。

图 10.58　最终成片

第 11 章
无人机视频剪辑实战

本章将介绍航拍视频的剪辑技巧。用户可以选择在手机上借助于App进行视频剪辑和特效制作，也可以选择在电脑上借助于Premiere等专业软件进行快速的剪辑处理。

01 利用手机App 快速剪辑

通过无人机录制的视频文件会保存在手机里，用户可以通过视频剪辑App对视频进行快速剪辑。剪映是一款手机视频编辑工具，带有全面的剪辑功能，支持变速，有多样滤镜和美颜的效果，有丰富的曲库资源。本节主要介绍使用剪映App剪辑航拍视频的流程。

去除视频背景声

在航拍视频时，视频中会有许多杂音，这些声音会对剪辑过程造成干扰，此时我们需要去除视频中的背景原声，以方便后面再添加背景音乐。下面介绍去除视频背景杂音的步骤。

❶打开剪映App，进入到主页面，点击界面中心的"开始创作"按钮，如图11.1所示。

❷进入到素材选择页面，选择需要导入的2段视频文件，点击右下角的"添加"按钮，如图11.2所示。

❸进入到视频编辑界面，点击第1段视频素材，然后点击左侧的"关闭原声"按钮即可去除视频中的背景声音，如图11.3所示。

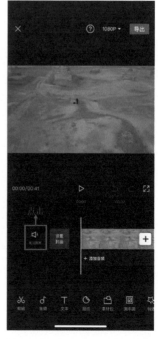

图 11.1　点击"开始创作"按钮　　　　图 11.2　选择素材　　　　图 11.3　点击"关闭原声"按钮

截取视频片段

在一段长视频中，用户可能只需要其中的几秒，这时需要对视频进行截取，然后将多段视频拼接，形成一段完整的视频。下面介绍截取视频片段的方法。

❶选择第1段视频素材，点击下方的"剪辑"按钮，如图11.4所示。

❷进入视频截取页面，下方显示视频长度为19.1秒。将结尾处的标记向前拖动，截取前面的6秒视频，如图11.5所示。

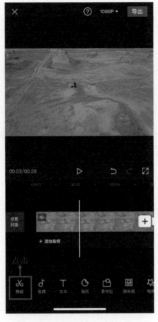

图11.4　点击"剪辑"按钮

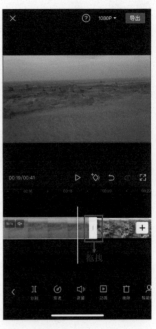

图11.5　向前拖动标记

添加滤镜效果

剪映App为用户提供了多种风格的视频滤镜效果，通过视频滤镜可以快速地调出个性化十足的视频。下面介绍为视频添加滤镜的方法。

❶选择第1段视频，点击下方的"滤镜"按钮，如图11.6所示。

❷进入"滤镜"界面，这里有多种多样的滤镜效果可供选择，挑选其中的一种，并点击左侧"应用到全部"按钮。点击右下角"☑"，即可完成滤镜调色工作，如图11.7所示。

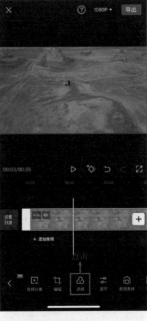

图11.6　点击"滤镜"按钮

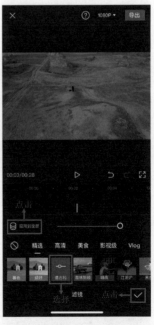

图11.7　选择滤镜

调节色彩与影调

除了套用滤镜可以快速调色，通过调整视频中的各项参数也可以达到相同的效果。无人机录制的视频色彩大多过于暗淡，此时用户只要通过后期处理App调整视频的色彩与影调，就可以让视频更加符合用户要求。下面介绍调节视频色彩与影调的方法。

❶选择第1段视频，点击下方的"调节"按钮，即可进入到视频参数调节页面，如图11.8所示。

❷进入到视频参数调节界面，有多种参数可以调节，如图11.9所示。

❸点击"亮度"按钮，滑动滑块以调节亮度。以此类推，根据自身需求可以继续调节其他参数。调整完毕后，点击右下角的"✓"，如图11.10所示，即可完成视频色彩与影调调节。

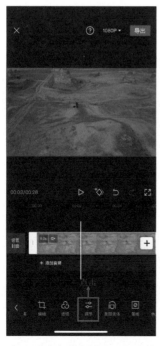

图 11.8 点击"调节"按钮

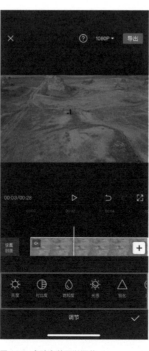

图 11.9 多种参数可以调节

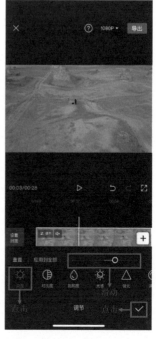

图 11.10 调节视频参数

增加文字效果

文字在视频中可以起到画龙点睛的作用，可以很好地传达拍摄者的思想，同时可以为视频增加装饰，一举两得。下面介绍在视频中添加文字的步骤。

❶点击视频预览窗口，之后点击下方的"文本"按钮，即可进入文本编辑界面，如图11.11所示。

❷进入视频文本界面后，点击下方的"新建文本"按钮，如图11.12所示。

图 11.11 点击"文本"按钮

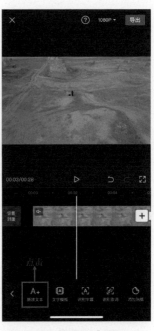

图 11.12 点击"新建文本"按钮

❸在框中输入文字，完成后点击"☑"，如图11.13所示。

❹用手指拖动文本框可以移动其位置，按住文本框右下角可以缩放，如图11.14所示。

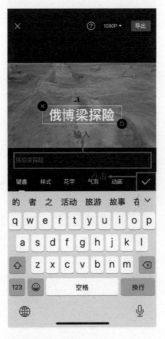

图 11.13 输入文本

图 11.14 移动位置

增加转场特效

转场指的就是在两段视频素材之间的过渡效果，是一种特殊的滤镜。一段视频如果搭配合适的转场特效的话，那么视频看起来是非常舒服的，同时能牢牢抓住观者的内心。下面介绍为两段视频素材之间添加转场效果的步骤。

❶点击两段视频之间的"分割"按钮，如图11.15所示，即可进入到"转场"界面。

❷有多种转场特效可以选择，如图11.16所示。

❸挑选一种合适的转场特效滤镜，滑动滑块可以调整转场持续时长。选择完毕后，点击右下角的"☑"，如图11.17所示。

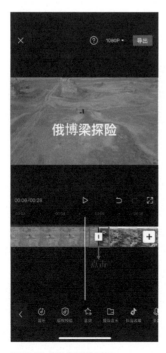

图 11.15　点击"分割"按钮

图 11.16　多种转场特效可供选择

图 11.17　选择一种转场特效

添加背景音乐

　　音频是视频的灵魂伴侣，画面与音乐相辅相成，彼此衬托。在后期制作中，音频的处理显得尤为重要，如果音乐运用得好，会给观者带来耳目一新的感觉。下面介绍为视频添加背景音乐的步骤。

　　❶选取一段视频素材，点击下方的"音乐"按钮，即可进入到音乐选择界面，如图11.18所示。

　　❷选择一首与视频内容相符的音乐，拖动进度条可以试听音乐，点击右侧的"使用"按钮即可选择，如图11.19所示。

　　❸完成音乐的选取后，进入到视频编辑界面，拖动下方的音频条左侧的标记，可以对音乐进行裁剪，使其符合视频的内容，如图11.20所示。

图 11.18 点击"音乐"按钮

图 11.19 选择音乐

图 11.20 裁剪音频

一键输出视频文件

在经过一系列的编辑处理后，接下来应该输出成片了。输出的视频会保存到手机中，同时可以分享到各个社交平台。下面介绍一键输出成片的操作步骤。

❶如图11.21所示，在视频编辑界面中，点击右上角的"导出"按钮，即可一键输出视频。

❷在预览窗口会显示当前的进度信息，等待一段时间即可完成，如图11.22所示。输出完成的视频还可以一键分享到社交平台，非常方便，这便是一套完整的视频处理流程。

图 11.21　点击"导出"按钮

图 11.22　导出进度

02 利用Premiere 剪辑视频

Premiere Pro是视频编辑爱好者和专业人士必不可少的视频编辑工具。Premiere提供了采集、剪辑、调色、美化音频、字幕添加、输出、DVD刻录的一整套流程，可以帮助用户产出电影级别的视频画面。本节将介绍一套完整的剪辑流程，帮助用户熟练掌握视频剪辑的核心技巧。

新建序列导入素材

在处理视频之前，首先要将视频素材导入Premiere Pro软件中。下面介绍将视频素材导入至轨道中的步骤。

❶新建一个项目文件，在"项目"面板右键单击，在弹出的快捷菜单中单击"导入"，如图11.23所示。

图 11.23 单击"导入"

❷之后弹出"导入"对话框，选择需要导入的视频文件，单击"打开"按钮，如图11.24所示。

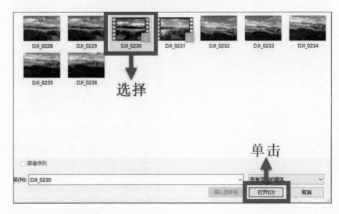

图 11.24 导入视频文件

❸将视频文件导入到"项目"面板中，显示视频缩略图，如图11.25所示。

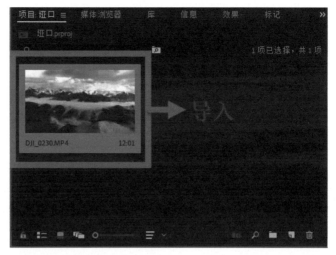

图 11.25　显示视频缩略图

❹在菜单栏中依次点击"文件"—"新建"—"序列"，如图11.26所示。

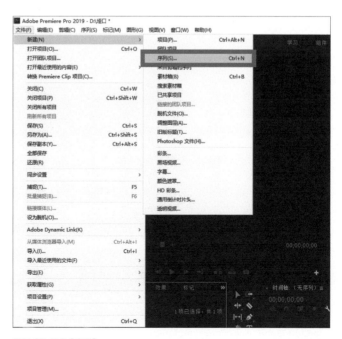

图 11.26　单击"序列"

❺弹出"新建序列"对话框，一般情况下默认设置就可以。单击"确定"按钮，如图11.27所示。

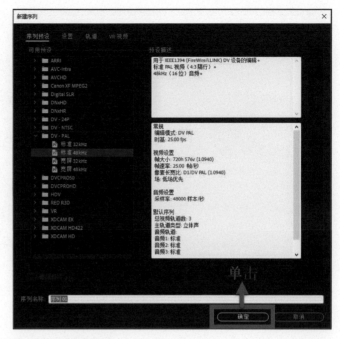

图11.27　单击"确定"按钮

❻执行操作后，即可新建一个空白的序列文件，显示在"项目"面板上，如图11.28所示。

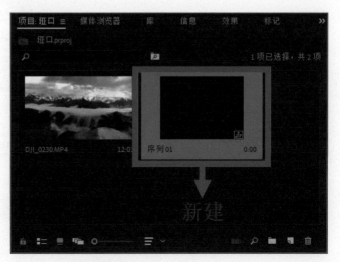

图11.28　新建空白的序列文件

❼在"项目"面板中选择"DJI_0231"视频文件，将其拖曳至视频轨V1中，即可添加视频文件，如图11.29所示。

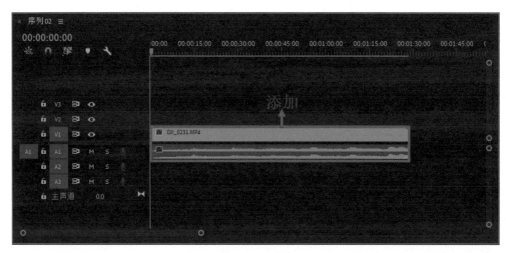

图 11.29　将视频拖曳至 V1 轨中

❽在"源"面板中可以预览视频素材的画面，如图11.30所示。

图 11.30　预览视频画面

去除视频背景音

只有去除了视频背景杂音，才能更好地为视频重新配乐。下面介绍去除视频背景音的步骤。

❶在轨道中，选择需要去除背景音的视频文件，在视频文件上右键单击，在弹出的快捷菜单中选择"取消链接"，如图11.31所示。

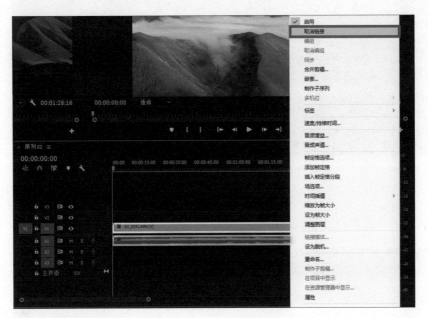

图 11.31 单击"取消链接"

❷执行操作后，即可单独处理视频与背景声音。单独选择"背景声音"，如图11.32所示。

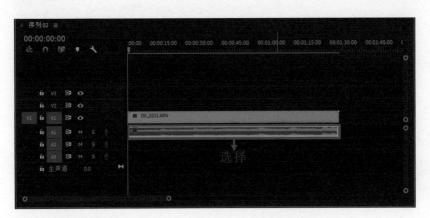

图 11.32 单独选择"背景声音"

❸按Delete键，即可删除背景声音，只留下视频画面，如图11.33所示。

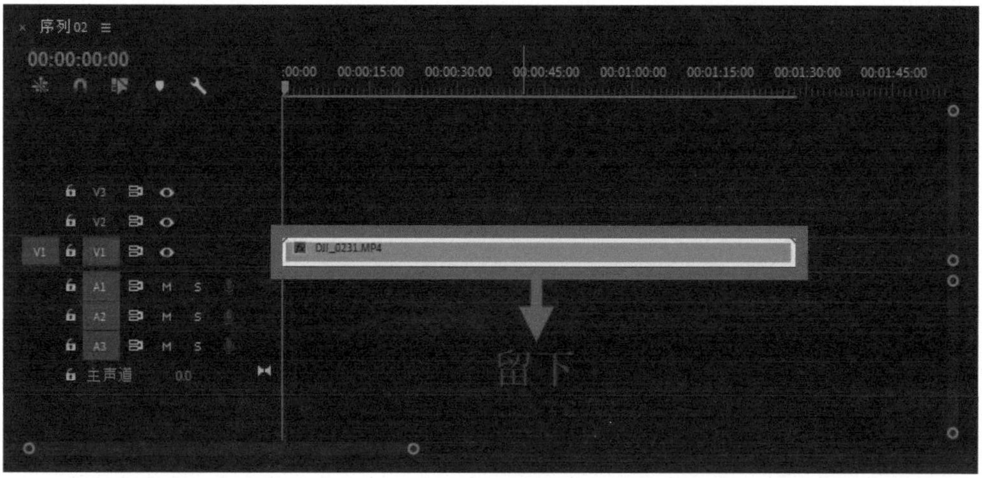

图 11.33　删除背景声音文件

剪辑视频成多段

在Premiere Pro软件中，利用"剃刀"工具■可以很方便快捷地裁剪视频，然后将不需要的片段删除。下面讲解将视频切割为几个片段的步骤。

❶在"工具"面板中选择"剃刀"工具■，如图11.34所示。

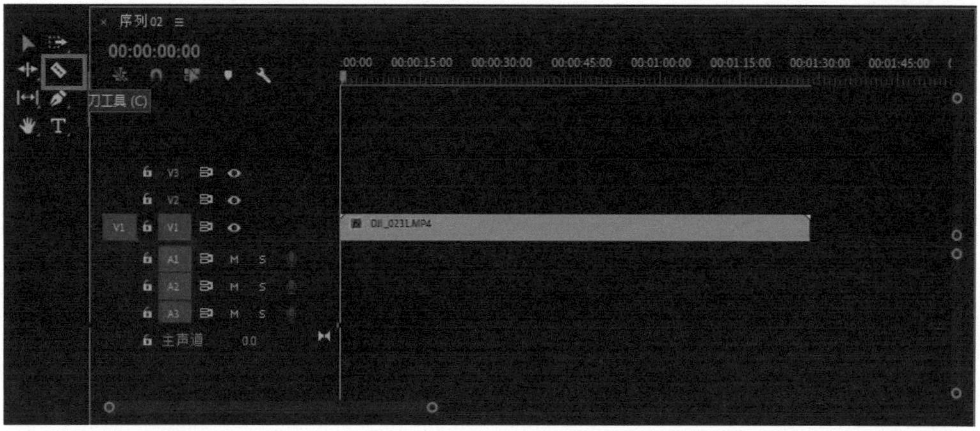

图 11.34　选择"剃刀"工具

❷将鼠标指针移至视频素材需要裁剪的位置，此时鼠标指针变成剃刀形状，单击即可将视频素材剪辑成两段，可以单独选择。用同样的方法对视频素材进行多次切割，如图11.35所示。

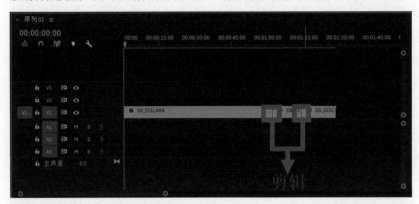

图 11.35　多段剪辑

❸选择需要删除的某个视频片段，按Delete键即可删除，如图11.36所示。

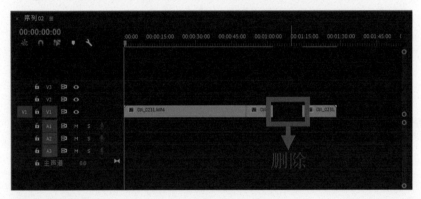

图 11.36　删除视频片段

❹用鼠标将右侧的视频片段向左拖曳，直至与前一段视频贴紧，使整条视频播放连贯，如图11.37所示。

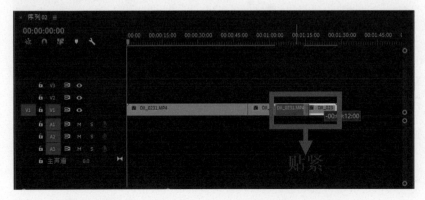

图 11.37　将视频片段向左移动

调节色彩与色调

　　在Premiere Pro软件中编辑视频时，往往会对视频素材的色彩进行校正，恢复其本身的颜色。调整素材颜色时，可以使用"颜色平衡"特效功能，该功能是通过调整画面饱和度和色彩变化来实现对颜色的调整。下面介绍利用"颜色平衡"特效功能调节色彩与色调的操作步骤。

　　❶在V1视频轨中，选择需要调色的视频素材，如图11.38所示。

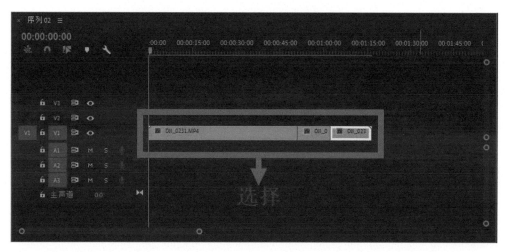

图 11.38　选择视频素材

　　❷打开"效果"面板，展开"颜色校正"选项，选择"颜色平衡"效果，如图11.39所示。

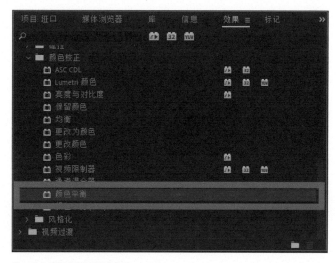

图 11.39　选择"颜色平衡"效果

❸单击鼠标左键并拖曳"颜色平衡"效果至"时间轴"面板中的视频素材上。在"效果控件"面板中展开"颜色平衡"面板,在其中设置各颜色参数,如图11.40所示,用来调节画面的色彩与色调。

❹执行上述操作后,即可运用"色彩平衡"效果调整色彩。

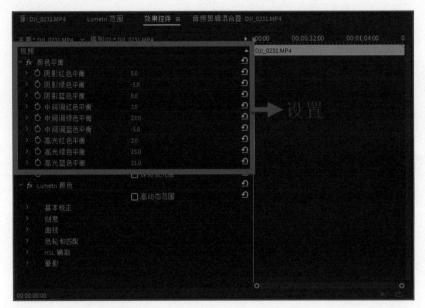

图 11.40 设置"颜色平衡"参数

增添背景音乐

在Premiere Pro软件中,音频与视频具有相同的地位,音频的好坏将直接影响视频作品的质量。下面介绍为视频添加背景音乐的操作步骤。

❶在"项目"面板中右键单击,在弹出的快捷菜单中单击"导入",如图11.41所示。

图 11.41 单击"导入"

❷此时弹出"导入"对话框，选择一个音频文件，单击"打开"按钮，如图11.42所示。

图 11.42 单击"打开"按钮

❸将音频素材导入"项目"面板中，如图11.43所示。

图 11.43 导入音频素材

❹将导入的音频素材拖曳至"序列"面板的A1轨道中，如图11.44所示。

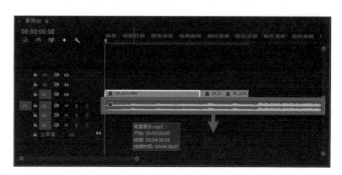

图 11.44 添加音频素材至轨道

❺使用"剃刀"工具将音频素材剪辑成两段，以符合视频时长，如图11.45所示。

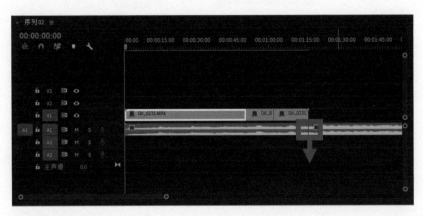

图11.45 剪辑音频素材

❻选择后面的音频素材，按下Delete键删除，即可完成音频的增添与剪辑工作，如图11.46所示。

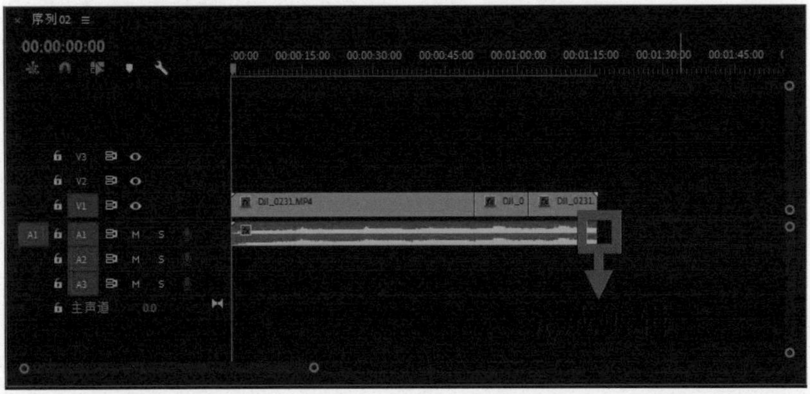

图11.46 完成音频添加与剪辑

输出与渲染视频成片

在Premiere Pro软件中，当用户完成一段视频的编辑并对视频内容感到满意时，可以将成片以各种不同的格式进行输出。在导出视频时，用户需要对视频的格式、输出名称、位置等其他选项进行设置。下面介绍输出与渲染视频的操作方法。

❶在菜单栏依次点击"文件"—"导出"—"媒体",如图11.47所示。

❷单击后便会弹出"导出设置"对话框,在右侧将格式设置为H.264,这是一种MP4格式。勾选"导出视频""导出音频"复选框,单击下方的"导出"按钮,如图11.48所示。

图 11.47　单击"媒体"

图 11.48　设置导出选项

❸弹出信息提示框，显示视频导出进度，此时只要稍微等待即可完成，如图11.49所示。

图 11.49　视频导出进度